그림으로 배우는 전기자동차

Electric Vehicle

카와베 켄이치 저 · 김성훈 역

그림으로 배우는
전기자동차

図解まるわかり 電気自動車のしくみ
(Zukai Maruwakari Denkijidosha no Shikumi: 7603-1)
© 2023 Kenichi Kawabe
Original Japanese edition published by SHOEISHA Co.,Ltd.
Korean translation rights arranged with SHOEISHA Co.,Ltd.
in care of JAPAN UNI AGENCY, INC. through Korea Copyright Center Inc.
Korean translation copyright © 2025 by Youngjin.com, Inc.

이 책은 (주)한국저작권센터(KCC)를 통한 저작권자와의 독점계약으로 영진닷컴(주)에서 출간되었습니다. 저작권법에 의해 한국 내에서 보호를 받는 저작물이므로 무단전재와 복제를 금합니다.

ISBN 978-89-314-8041-2

독자님의 의견을 받습니다

이 책을 구입한 독자님은 영진닷컴의 가장 중요한 비평가이자 조언가입니다. 저희 책의 장점과 문제점이 무엇인지, 어떤 책이 출판되기를 바라는지, 책을 더욱 알차게 꾸밀 수 있는 아이디어가 있으면 이메일, 또 는 우편으로 연락주시기 바랍니다. 의견을 주실 때에는 책 제목 및 독자님의 성함과 연락처(전화번호나 이메일)를 꼭 남겨 주시기 바랍니다. 독자님의 의견에 대해 바로 답변을 드리고, 또 독자님의 의견을 다음 책에 충분히 반영하도록 늘 노력하겠습니다.

주 소 (우)08512 서울특별시 금천구 디지털로9길 32 갑을그레이트밸리 B동 1001호
등 록 2007. 4. 27. 제16-4189호
이메일 support@youngjin.com

저자 카와베 켄이치 | **번역** 김성훈 | **총괄** 김태경 | **진행** 최윤정
표지 디자인 김효정 | **내지 디자인·편집** 이경숙 | **영업** 박준용, 임용수, 김도현, 이윤철
마케팅 이승희, 김근주, 조민영, 김민지, 김진희, 이현아 | **제작** 황장협 | **인쇄** 제이엠

들어가는 말

전기자동차는 구동을 전동화한 자동차입니다. 정의하기에 따라서 하이브리드 자동차 등도 여기에 포함될 수 있지만, 이 책에서는 배터리를 동력원으로 해서 모터의 힘만으로 움직이는 자동차(배터리 EV, BEV)를 전기자동차(EV)로 부르기로 합니다.

전기자동차는 주행 중 환경에 유해한 물질을 배출하지 않습니다. 그래서 궁극의 친환경차의 한 종류로 여겨지며 환경 문제를 해결할 수 있는 자동차로 주목받아 왔습니다.

현재 전 세계적으로 전기자동차의 판매량이 빠른 속도로 증가하고 있습니다. 그 이유로는 대용량 배터리가 개발되어 전기자동차의 주행 거리가 늘어났고 편의성이 향상됐을 뿐만 아니라, 환경 문제에 대한 관심이 높아지면서 주행 중 이산화탄소와 같은 온실가스를 배출하지 않는 전기자동차 보급을 추진하려는 움직임이 가속화됐기 때문입니다.

이 책에서는 이러한 전기자동차의 작동 원리와 보급을 위한 과제 등을 기계, 전기, 화학의 관점에서 정리하고 사진과 그림을 곁들여 설명했습니다. 또한, 전기자동차처럼 모터가 구동에 개입하는 자동차로 하이브리드 자동차, 플러그인 하이브리드 자동차, 연료전지 자동차를 함께 소개하여 전기자동차의 전반적인 상황을 파악할 수 있게 했습니다.

전기자동차를 이해하는 것은 단순히 자동차의 한 종류를 아는 데 그치지 않고, 앞으로의 사회 변화를 생각해 보는 것과도 연결됩니다. 왜냐하면 전기자동차의 보급은 앞으로 일어날 '모빌리티 혁명'이라는 교통의 큰 변화를 파악할 수 있게 해 줄 뿐 아니라, 사회에서 사용할 에너지의 형태와 지금 세계가 지향하는 지속 가능한 사회를 생각하는 것과도 연결되기 때문입니다.

이러한 사회 변화와 전기자동차, 그리고 전기자동차를 이해하기 위한 첫걸음으로 이 책을 활용해 주시면 감사하겠습니다.

또한 이 책을 집필하면서 대학과 제조사에 소속된 연구원 및 엔지니어분들의 도움을 받았습니다. 이 자리를 빌려 감사의 말씀을 드립니다.

2023년 6월 카와베 켄이치

역자의 말

최근 우연히 접한 웹소설에서 전기자동차, 자율주행, 그리고 배터리 기술이 우리의 미래를 얼마나 획기적으로 바꿔 놓을 수 있는지를 생생하게 그려 낸 장면을 읽었습니다. 기술의 발전과 그것이 몰고 올 사회 변화가 마치 눈앞의 현실처럼 다가왔고, 상상 속에 머물던 미래가 이미 도달 가능한 오늘이라는 사실에 깊은 인상을 받았습니다.

그런 시점에 전기자동차 입문서를 번역하게 되자, 기술에 대한 흥미가 실제 작업과 맞닿으면서 평소보다 더 몰입해서 작업할 수 있었습니다. 특히 이 책을 통해 전기자동차가 걸어 온 발전의 흐름을 다시 살펴본 과정은 흥미를 넘어 새로운 발견의 연속이었습니다.

전기자동차가 내연기관차보다 먼저 등장했다는 점은 놀라웠고, 충전 문제, 배터리 기술, 주행 거리 불안 등 오래된 과제들이 어떻게 풀려 왔는지를 따라가는 과정은 전기자동차가 왜 지금 다시 주목받고 있는지 이해하게 해주었습니다. 전기자동차가 겪어 온 기술적 도전과 그 해결 과정을 따라가다 보면, 이 책이 다루는 내용의 깊이와 폭이 더욱 잘 드러납니다.

이 책은 전기자동차의 작동 원리와 배터리 기술 같은 기술적 기반은 물론, 충전 인프라 구축, 온실가스 감축을 위한 정책, 재생 에너지와의 연계 가능성 등 전기자동차를 둘러싼 환경적·사회적 문제까지 폭넓게 다루고 있습니다.

이러한 배경을 알고 전기자동차를 바라보면, 우리가 맞이할 모빌리티의 미래가 단순한 이동 수단의 변화에 그치지 않는다는 사실을 실감할 수 있습니다. 기술의 발전이 사회 구조와 환경에 어떤 영향을 미칠지를 고민하게 만드는 책이었기에, 번역자 역시 독자의 한 사람으로서 많은 생각을 하게 되었습니다.

끝으로, 이 책이 세상에 나오기까지 함께 애써 주신 편집자와 제작진 여러분께 감사드리며, 이 책을 손에 든 독자 여러분께도 깊이 감사드립니다. 새로운 시대를 향한 여정에 이 책이 작은 안내서가 되기를 진심으로 바랍니다.

옮긴이 김성훈

차례

Ch 1 전기자동차를 타다
운전해 봐야 알 수 있는 전기자동차의 장단점   13

- 1-1 친환경차로서의 전기자동차
  EV, 대기오염, 지구온난화, 친환경 자동차 / 14
- 1-2 가솔린 자동차와 비교한다
  파워트레인 / 16
- 1-3 주행① 전기자동차를 운전한다
  크리프 현상 / 18
- 1-4 주행② 부드러운 가속
  차량 접근 경보 장치 / 20
- 1-5 주행③ 뛰어난 조종성과 정숙성
  저중심화, 조종성, 코너링, 정숙성 / 22
- 1-6 주행④ 전기를 만들면서 감속한다
  유압 브레이크, 회생 브레이크 / 24
- 1-7 주행⑤ 얼마나 달릴 수 있는가?
  방전, 주행 거리 / 26
- 1-8 충전① 전기자동차를 충전한다
  완속 충전, 급속 충전, 전기충전소 / 28
- 1-9 충전② 가정에서 완속 충전한다
  가정용 완속 충전기 / 30
- 1-10 충전③ 충전소를 찾는다
  내비게이션, 스마트폰 앱 / 32
- 1-11 사용해 봐야 알 수 있는 장점과 단점
  차량 가격 / 34

해보자   주변에 있는 충전소 위치를 확인해 보자 / 36

Ch 2 전기자동차의 구조와 종류

파워트레인의 차이로 이해한다   37

- **2-1 전기자동차의 기본 구조**
  바디, 섀시, 파워트레인 / 38

- **2-2 전기자동차의 종류**
  HV, PHV, FCV, BEV, xEV, 전동자동차, 궁극의 친환경 자동차 / 40

- **2-3 종류에 따른 구조의 차이**
  파워트레인, 주행 거리 / 42

- **2-4 전동자동차의 공통점**
  회생 브레이크, 유압 브레이크, 엔진 브레이크 / 44

- **2-5 하이브리드 자동차① 동력 전달 방식**
  직렬 방식, 병렬 방식, 직병렬 방식 / 46

- **2-6 하이브리드 자동차② 직렬 방식과 병렬 방식**
  직렬 방식, 병렬 방식 / 48

- **2-7 하이브리드 자동차③ 직병렬 방식**
  직병렬 방식, 동력분할기구, 스플릿 방식 / 50

- **2-8 하이브리드 자동차④ 스플릿 방식**
  스플릿 방식, 유성기어장치, 동력분할기구 / 52

- **2-9 전기자동차와 변화하는 시장 상황**
  주행 거리, 차량 가격 / 54

- **2-10 충전할 수 있는 플러그인 하이브리드 자동차**
  플러그인 하이브리드 자동차 / 56

- **2-11 수소로 달리는 연료전지 자동차**
  연료전지, 수소, ZEV, 희소금속, 자원 수급 불안정, 수소충전소 / 58

해보자   전기자동차의 보닛을 열어 보자 / 60

Ch 3 전기자동차의 역사

세 번의 대유행을 거쳐 비약적으로 발전한 전기자동차   61

- 3-1 가솔린 자동차보다 오래된 역사
  모터, 배터리, 가솔린 엔진 / 62
- 3-2 전기자동차의 1차 붐
  인휠 모터, 직렬 방식 / 64
- 3-3 석유 혁명과 자동차의 대중화
  스핀들톱, 포드 T형 / 66
- 3-4 전기자동차의 2차 붐
  ZEV 규제, ZEV, 대기오염 / 68
- 3-5 연료전지 자동차 개발
  고체 고분자형 연료전지, 메탄올 개질형 연료전지 / 70
- 3-6 하이브리드 자동차 양산화
  하이브리드 자동차 / 72
- 3-7 전기자동차의 3차 대유행
  리튬이온전지, 플러그인 하이브리드 자동차, 연료전지 자동차 / 74
- 3-8 환경 문제에 높아지는 관심
  파리 협정, SDGs, 탄소중립 / 76
- 3-9 계속 늘어나는 전기자동차
  국가 전략 / 78

> 해보자 중국과 유럽에서 전기자동차 판매량이 늘어나는 이유를 생각해 보자 / 80

Ch 4 배터리와 전원 시스템

주행을 뒷받침하는 에너지원   81

- 4-1 배터리란 무엇인가?
  화학전지, 물리전지, 일차전지, 이차전지, 연료전지 / 82
- 4-2 전동자동차에서 요구되는 배터리
  차량용 배터리, 고정형 배터리 / 84

4-3 구동 배터리와 보조 배터리
　　구동 배터리, 보조 배터리, 전장부품 / 86

4-4 차량용 배터리의 종류① 이차전지의 원조 납축전지
　　납축전지, 과충전, 과방전, 분리막 / 88

4-5 차량용 배터리의 종류② 에너지 밀도가 높은 니켈-수소전지
　　니켈-수소전지, Ni-MH, 안전밸브, 에너지 밀도 / 90

4-6 차량용 배터리의 종류③ 대용량화를 가능하게 한 리튬이온전지
　　리튬이온전지, LIB, 유기용매, 안전밸브 / 92

4-7 차량용 배터리의 종류④ 연료로 발전하는 연료전지
　　연료전지, 고체 고분자형 연료전지, 고체 고분자막, 탄소지지 백금 / 94

4-8 차량용 배터리의 종류⑤ 빛으로 발전하는 태양전지
　　태양전지, 광기전력 효과, 태양전지판, 솔라 카 / 96

4-9 차량용 배터리의 종류⑥ 충방전이 빠른 전기 이중층 커패시터
　　전기 이중층 커패시터, 전기 이중층 / 98

4-10 배터리의 안전을 지키는 배터리 관리 시스템
　　배터리 관리 시스템, 충방전, 충전율 / 100

해보자 스마트폰의 충전 상태를 확인해 보자 / 102

Ch 5 동력으로 사용되는 모터
모터의 종류와 구조　　　　　　　　　　　　　　　103

5-1 모터란 무엇인가?
　　로렌츠 힘, 고정자, 회전자, 브러시, 정류자 / 104

5-2 전동자동차에 필요한 모터
　　구동 모터, 주행 모드 / 106

5-3 모터 이해하기① 모터와 전기의 종류
　　직류 모터, 교류 모터, 단상교류, 삼상교류 / 108

5-4 모터 이해하기② 제어가 쉬운 직류 모터
　　직류 모터, 정류자, 브러시 / 110

5-5 모터 이해하기③ 수리가 쉬운 교류 모터
　　교류 모터, 회전 자계, 삼상교류, 합성 자계 / 112

- **5-6 구동 모터① 전철에서 많이 사용되는 유도 모터**
  삼상 농형 유도 모터, 회전 자계, 유도전류 / 114

- **5-7 구동 모터② 자동차에서 많이 사용되는 동기 모터**
  동기 모터, 영구자석 동기 모터, 네오디뮴 자석, 희소금속 / 116

- **5-8 구동 모터③ 바퀴를 직접 돌리는 인휠 모터**
  차동장치, 스프링 하중량 / 118

- **해보자** 가전제품에서 사용되는 인버터를 조사해 보자 / 120

Ch 6 주행 제어

'가속' '제동' 제어   121

- **6-1 주행을 컨트롤하는 제어 기술**
  파워 컨트롤 유닛, 파워 일렉트로닉스 기술 / 122

- **6-2 모터 제어의 핵심 전력반도체**
  컨버터, 인버터, 전력반도체, 제어 회로 / 124

- **6-3 전력변환원리① 직류 전압을 변환한다**
  초퍼 제어, PWM 제어 / 126

- **6-4 전력변환원리② 직류를 삼상교류로 변환한다**
  사인파, 가변전압 가변주파수 제어 / 128

- **6-5 고속으로 온-오프하는 전력반도체**
  Si-IGBT, SiC-MOSFET, 전자기 소음 / 130

- **6-6 주행① 부드러운 출발과 가속**
  토크 특성 / 132

- **6-7 주행② 인버터에 의한 모터 제어**
  인버터, 계자 약화 제어, 벡터 제어 / 134

- **6-8 제동① 브레이크의 종류**
  유압 브레이크, 회생 브레이크 / 136

- **6-9 제동② 협조 브레이크**
  회생 협조 브레이크 / 138

- **해보자** 전력 소비와 회생을 의식하며 운전해 보자 / 140

Ch 7 주행을 뒷받침하는 인프라
충전 인프라   141

- **7-1 전동자동차를 지원하는 인프라**
  충전 인프라, 수소충전 인프라 / 142

- **7-2 전력공급① 완속 충전과 급속 충전**
  완속 충전, 급속 충전 / 144

- **7-3 전력공급② 왜 단시간에 충전할 수 없을까?**
  SCiB / 146

- **7-4 전력공급③ 플러그 충전 규격**
  CHAdeMO, GB/T, COMBO, 슈퍼차저 / 148

- **7-5 전력공급④ 팬터그래프 집전**
  팬터그래프, 트롤리 버스, e고속도로 / 150

- **7-6 전력공급⑤ 비접촉 충전**
  전자기 유도 방식, 자기 공명 방식, 전파 방식, 주행 중 무선 급전 방식 / 152

- **7-7 전력공급⑥ V2H와 V2G**
  V2H, V2G, HEMS, 스마트 그리드 / 154

- **7-8 수소공급① 수소충전소**
  수소충전소, 고정식, 이동식, 온사이트형, 오프사이트형 / 156

- **7-9 수소공급② 수소경제사회와의 연계**
  수소경제사회 / 158

해보자 가까운 수소충전소를 찾아보자 / 160

Ch 8 전기자동차와 환경
어느 정도 친환경적인가?   161

- **8-1 전기자동차는 정말 친환경적인가?**
  친환경 자동차, ZEV, 차세대 자동차 / 162

- **8-2 보이지 않는 곳에서 배출하는 CO_2**
  발전소, 화력발전, 에너지믹스, 재생 에너지 비율 / 164

8-3 환경 성능을 종합적으로 평가하다
   Well to Wheel, LCA / 166

8-4 재생 에너지 활용
   재생 에너지, 녹색전력 / 168

8-5 IT와 스마트 그리드
   스마트 그리드, 녹색전력, 재생 에너지 / 170

8-6 수소를 활용하는 수소경제사회
   수소경제사회 / 172

8-7 구동 배터리의 재사용과 재활용
   희소금속, 재사용, 재활용 / 174

해보자 세계 각국의 에너지믹스를 조사해 보자 / 176

Ch 9 전기자동차의 미래
전기자동차의 미래 전망   177

9-1 전기자동차의 진화① 구동 배터리
   전고체전지, 불화물전지, 아연음극전지 / 178

9-2 전기자동차의 진화② 선회 동작
   인휠 모터, 스티어 바이 와이어 / 180

9-3 EV 전환과 과제 – 충전 인프라와 전력 부족
   EV 전환, 충전 인프라 부족, 전력 부족 / 182

9-4 모빌리티 혁명에 대한 대응
   모빌리티 혁명, CASE, MaaS / 184

9-5 자동차 산업이 지향하는 CASE
   CASE, 네트워크 연결, 자율주행, 공유 및 서비스, 전동화 / 186

9-6 대중교통과의 공생과 MaaS
   MaaS / 188

해보자 전기자동차가 잘 팔리지 않는 이유를 생각해 보자 / 190

용어 설명 / 191

11

Chapter 1

전기자동차를 타다

운전해 봐야 알 수 있는
전기자동차의 장단점

Electric Vehicle

1-1 EV, 대기오염, 지구온난화, 친환경 자동차

≫ 친환경차로서의 전기자동차

모터로 움직이는 전기자동차

전기자동차(Electric Vehicle: **EV**)는 글자 그대로 전기로 움직이는 자동차입니다. 엄밀히 말하면 전기자동차는 좁은 의미와 넓은 의미로 나눠 볼 수 있습니다. 이 책에서는 좁은 의미의 전기자동차, 즉 구동 배터리(축전지)만을 동력원으로 해서 **모터로 바퀴를 굴려 움직이는 자동차**를 전기자동차라고 부릅니다. 넓은 의미의 전기자동차에 대해서는 2-2에서 설명합니다.

친환경 자동차의 일종인 전기자동차

전기자동차와 가솔린 자동차의 큰 차이점은 주행 중 발생되는 배기가스와 소음일 것입니다(그림 1-1). 가솔린 자동차는 주행 중 엔진에서 **대기오염**과 **지구온난화**의 원인이 되는 유해 물질이 포함된 배기가스를 배출하며 큰 소음이 발생합니다. 반면에 전기자동차는 주행 중 이러한 유해 물질을 포함한 배기가스를 전혀 배출하지 않으며, 가솔린 자동차보다 조용하게 달릴 수 있습니다. 이처럼 전기자동차는 주행 중에 환경에 부담을 주지 않아 '**친환경 자동차**'의 일종으로 여겨집니다.

운전해 봐야 알 수 있는 전기자동차의 특징

전기자동차는 자료를 읽는 것보다 직접 운전대를 잡고 운전해 보면, 그 특징을 더 잘 이해할 수 있습니다. 운전해 봐야 비로소 알 수 있는 특징들이 많기 때문입니다.

그래서 이 장에서는 닛산의 전기자동차 '리프'(2세대, 2017년 이후 생산, 그림 1-2)의 운전을 가상으로 체험해 보는 방식으로 전기자동차의 특징을 소개하고자 합니다. 직접 운전하는 듯한 느낌으로 읽어 보길 바랍니다.

그림 1-1 가솔린 자동차와 전기자동차의 큰 차이점

가솔린 자동차

주행 중 유해 물질이 포함된 배기가스와 큰 소음이 발생한다

전기자동차

주행 중 유해 물질이 포함된 배기가스를 배출하지 않고 조용히 달린다

그림 1-2 이 장에서 운전하는 전기자동차

대표적인 일본 전기자동차인 닛산 '리프'(2세대)

(사진제공: 닛산자동차)

Point
- ✔ 전기자동차는 'EV'라고도 불린다.
- ✔ 전기자동차는 모터로 바퀴를 회전시켜 움직인다.
- ✔ 전기자동차는 친환경 자동차의 일종이다.

1-1 친환경차로서의 전기자동차

1-2 파워트레인

≫ 가솔린 자동차와 비교한다

외관과 실내는 거의 비슷하다

우선, 전기자동차 '리프'와 가솔린 자동차의 외관을 비교해 봅시다.

결론부터 말하자면, **전기자동차와 가솔린 자동차의 외관은 거의 같다고 할 수 있습니다**. 물론, 뒤쪽에 배기구가 없고 주유구도 없는 등 사소한 차이는 있지만(그림 1-3), 전체적으로 외관에서 '이게 전기자동차구나' 하고 느낄 수 있는 부분은 찾기 어렵습니다.

실내도 오토매틱 가솔린 자동차와 매우 비슷합니다. 운전석에는 핸들과 액셀 페달, 브레이크 페달이 있고 옆에는 변속 레버와 전동식 주차 브레이크가 있습니다. 이런 배치 때문에 운전 방식은 오토매틱 가솔린 자동차와 거의 같다고 할 수 있습니다.

파워트레인의 구조가 다르다

전기자동차는 **파워트레인**이라고 하는 **구동 부분에서 가솔린 자동차와 큰 차이가 있습니다**(그림 1-4). 다시 말해, 구동 메커니즘 자체가 근본적으로 다릅니다.

가솔린 자동차는 연료 탱크에 저장된 연료를 연소시켜 엔진을 회전시키고, 그 회전력을 변속기를 통해 바퀴에 전달합니다. 이처럼 엔진은 실린더 내부에서 연소에 의한 급격한 부피 팽창(폭발)을 이용해 피스톤을 움직이고 동력을 얻는 구조로 되어 있어, 작동 중 큰 소리가 나고 진동이 발생할 수밖에 없습니다. 또한 이 과정에서 대기오염과 지구온난화의 원인이 되는 유해 물질이 생성되는데, 이는 배기구를 통해 밖으로 배출됩니다.

반면, 전기자동차는 구동 배터리에 충전된 전기로 모터를 회전시키고 그 회전력을 바퀴에 전달해서 움직입니다. 즉, **배기가스나 소음, 진동의 원인이 되는 엔진이 없으므로 주행 중에 배기가스나 진동이 발생하지 않고 가솔린 자동차보다 조용하게 달릴 수 있습니다.**

그림 1-3 뒤에서 본 전기자동차 '리프'의 모습

외관은 가솔린 자동차와 거의 비슷하며
차량 뒤쪽에 배기구가 없는 등 약간의 차이가 있다

그림 1-4 가솔린 자동차와 전기자동차의 파워트레인 구조의 차이

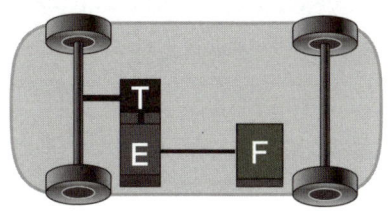

GV 가솔린 자동차

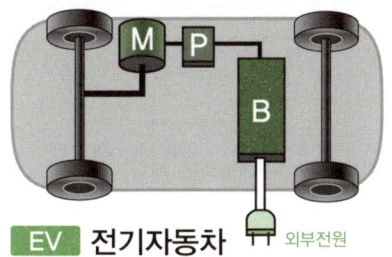

EV 전기자동차
(닛산 리프) 외부전원

F 연료 탱크	**M** 모터
E 엔진	**P** 파워 컨트롤 유닛
T 변속기	**B** 구동 배터리

Point
- ✔ 전기자동차와 가솔린 자동차의 외관은 거의 같다.
- ✔ 전기자동차와 가솔린 자동차는 파워트레인 구조가 다르다.
- ✔ 전기자동차는 엔진이 없으므로 배기가스를 배출하지 않으며 소음도 발생하지 않는다.

1-3 크리프 현상

≫ 주행① 전기자동차를 운전한다

시동을 걸 필요가 없다

이제 '리프'를 운전해 보겠습니다. 앞에서 언급했듯이 **전기자동차의 운전석 주변은 기본적으로 오토매틱 가솔린 자동차와 비슷**합니다(그림 1-5).

다만, 차를 출발시키기까지의 과정이 가솔린 자동차와 조금 다른데, 전기자동차에는 엔진이 없기 때문에 '시동을 거는' 작업이 필요 없습니다.

운전석에 앉아 브레이크를 밟고, **전원 버튼을 눌러 'ON'으로 하면 전기자동차의 시스템이 시작됩니다**(그림 1-6). 이때 속도계 등이 밝게 표시되면서 공조장치(에어컨)가 작동하기 시작하지만, 엔진에 시동이 걸릴 때처럼 큰 소리는 들리지 않으며 차체 진동도 거의 느껴지지 않습니다.

조용하게 출발한다

전원 버튼을 누른 후의 조작도 오토매틱 가솔린 자동차와 거의 동일합니다. 주차 브레이크를 풀고 기어를 '드라이브(D)'로 변경한 후 브레이크에서 발을 떼면, 액셀을 밟지 않아도 차가 조용하게 출발해 천천히 앞으로 움직입니다. 오토매틱 차량에서는 이러한 현상을 **'크리프 현상'**이라고 하는데, 전기자동차에서도 동일한 현상이 일어나도록 설계되어 있습니다.

이처럼 전기자동차가 출발하기까지의 운전 조작은 약간의 차이가 있지만, 오토매틱 가솔린 자동차와 매우 유사합니다. 다시 말해, 전기자동차는 오토매틱 가솔린 자동차를 운전해 본 경험이 있는 사람이라면 기본적으로 누구나 운전할 수 있는 구조로 되어 있습니다.

| 그림 1-5 | 전기자동차의 운전석 주변 |

기본적으로 오토매틱 가솔린 자동차와 거의 같은 구조이다
(사진제공: 닛산자동차)

| 그림 1-6 | 전기자동차의 전원 버튼 |

브레이크를 밟고 전원 버튼(사진 우측)을 누르면, 시스템이 시작된다

> **Point**
> ✓ 전기자동차의 운전석 주변 구조는 오토매틱 가솔린 자동차와 거의 같다.
> ✓ 전기자동차의 시스템은 전원 버튼을 누르면 시작된다.
> ✓ 시동 후 출발까지의 조작은 오토매틱 가솔린 자동차와 거의 같다.

1-3 주행① 전기자동차를 운전한다   19

1-4 차량 접근 경보 장치

≫ 주행② 부드러운 가속

변속기가 없는 전기자동차

이제 '리프'를 가속해 봅시다. 액셀을 가볍게 밟으면 '리프'는 조용하고 **부드럽게 가속을 시작합니다**. 기어비를 변화시키는 변속기^{Transmission}가 없으므로, 변속 레버를 조작하지 않고 제한 속도까지 속도를 높일 수 있습니다(그림 1-7). 그 느낌은 오토매틱 가솔린 자동차와 비슷하지만, 대부분의 오토매틱 차량에서 느껴지는 변속 충격은 발생하지 않습니다.

부드러운 출발

일반적으로 전기자동차는 가솔린 자동차보다 더 부드럽게 출발합니다. 이는 모터와 가솔린 엔진 간의 토크 특성 차이와 관련이 있습니다(그림 1-8).

엔진의 토크는 정지 시에는 0이고, 특정 회전 속도에서 최대가 됩니다. 반면 모터의 토크는 파워 컨트롤 유닛의 제어 하에서 정지 시 최대이고 일정 속도 이상에서는 회전 속도가 빨라질수록 감소합니다. 즉, 모터는 엔진이 약한 영역에서 토크가 최대가 되므로 전기자동차는 가솔린 자동차보다 더 부드럽게 출발할 수 있습니다.

'위잉'하는 소리

전기자동차는 기본적으로 조용하게 주행할 수 있습니다. 다만, 저속 주행 시에는 **차량 접근 경보 장치**가 작동하여 일부러 소리를 내서 주변 보행자 등에게 자동차가 가까이 있음을 알려 줍니다. 액셀을 강하게 밟으면 가속이 이루어지는데, 이때 귀를 기울이면 **'위잉'하고 음정이 높아지는 소리가 들립니다**. 이 소리는 전자기 소음(6-5 참조)이라고 불리는 소리입니다.

그림1-7 전기자동차(리프)의 구동부 구조

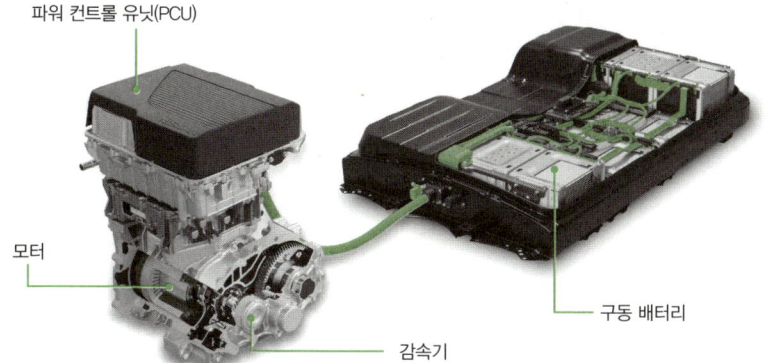

- 모터의 동력은 감속기를 통해 바퀴에 전달되므로 변속기가 없다
- 파워 컨트롤 유닛에서 모터를 제어한다

(사진제공: 닛산자동차)

그림1-8 모터와 엔진의 토크 곡선

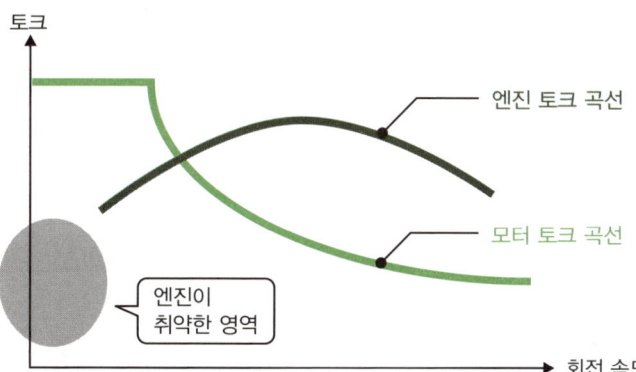

모터는 회전 속도가 0인 상태에서 최대 토크를 발휘할 수 있다

출처: EV DAYS "EV의 모터란?"
(URL: https://evdays.tepco.co.jp/entry/2022/03/31/000029)

Point
- ✔ 전기자동차는 변속기가 없기 때문에 부드럽게 가속한다.
- ✔ 전기자동차는 가솔린 자동차보다 출발이 더 부드럽다.
- ✔ 전기자동차가 가속할 때 '위잉'하는 전자기 소음이 발생한다.

1-5 저중심화, 조종성, 코너링, 정숙성

≫ 주행③ 뛰어난 조종성과 정숙성

엔진이 없는 데서 오는 또 다른 장점

전기자동차는 엔진이 없기 때문에 그만큼 부품을 자유롭게 배치할 수 있다는 장점이 있습니다. 가솔린 자동차의 경우, 엔진 위치가 결정되면 변속기(트랜스미션)나 구동축(추진축) 등 무거운 부품의 배치가 자연스럽게 정해집니다.

반면 전기자동차는 이러한 부품이 없어 구동 배터리와 모터, 파워 컨트롤 유닛(6-1 참조) 등 무거운 부품의 배치를 쉽게 변경할 수 있습니다. 따라서 **이상에 가까운 무게 균형**과 **저중심화**를 실현하기 쉽고, 자동차로서의 **조종성**을 높이기 쉽습니다.

우수한 코너링 성능

'리프'의 경우, 무거운 구동 배터리를 차체 하부 거의 중앙에 배치하여 중심을 낮췄을 뿐만 아니라, 변형에 강한 고강성 차체를 채택하여 스티어링(핸들) 조작 응답성을 높였습니다(그림 1-9).

또한, 4륜 각각 브레이크를 개별적으로 제어함으로써 더욱 부드럽고 안정성이 높은 **코너링**을 실현했습니다(그림 1-10). 이는 실제로 '리프'로 곡선 구간이 많은 산악지대 도로를 주행해 보면 잘 알 수 있습니다.

뛰어난 정숙성

전기자동차는 대체로 **정숙성**이 뛰어납니다. 물론, 귀를 기울이면 앞서 소개한 '위잉' 하는 전자기 소음 정도는 들리겠지만, 가솔린 자동차와 비교하면 전기자동차의 실내는 훨씬 조용합니다. 이러한 차이는 창문을 열고 운전해 보면 바로 알 수 있습니다.

그림 1-9 전기자동차 리프의 파워트레인

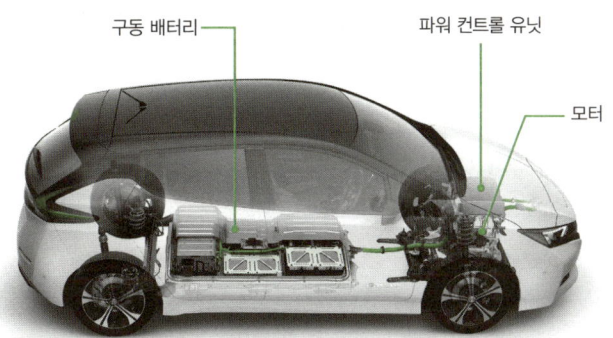

무게가 무거운 구동 배터리를 차체 하부 거의 중앙에 배치하여
이상적인 무게 균형과 저중심화를 실현했다

(사진제공: 닛산자동차)

그림 1-10 리프와 가솔린 자동차(전륜구동)의 코너링 차이

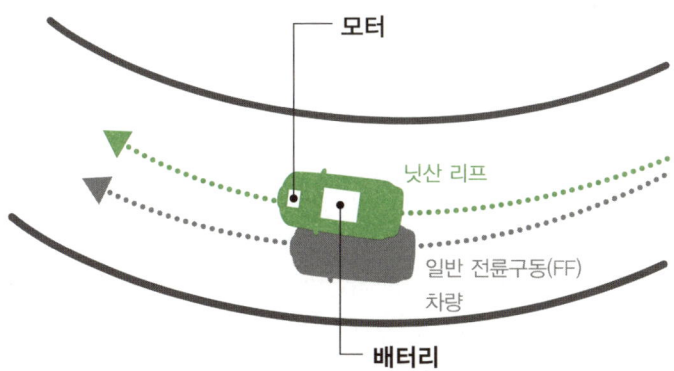

'리프'는 저중심화 및 고강성 바디를 채택해
부드러운 코너링을 실현했다

출처: 닛산자동차 '리프' 공식 홈페이지 자료를 바탕으로 작성
(URL: https://www3.nissan.co.jp/vehicles/new/leaf/performance_safety/performance.html)

Point
- ✔ 전기자동차는 이상에 가까운 무게 균형과 저중심화를 실현하기 쉽다.
- ✔ 전기자동차는 코너링을 포함한 조종성을 향상시키기 쉽다.
- ✔ 전기자동차는 가솔린 자동차보다 정숙성이 뛰어나다.

1-6 유압 브레이크, 회생 브레이크

≫ 주행④ 전기를 만들면서 감속한다

모터로 제동도 할 수 있다

다음은 '리프'의 속도를 줄여 보겠습니다. 전기자동차도 가솔린 자동차와 마찬가지로 브레이크 페달을 밟으면 제동이 걸립니다. '리프'의 경우 'E-페달'이라는 기능이 있는데, 이 기능을 활성화하면 액셀 페달을 느슨하게 해서 감속할 수 있습니다.

전기자동차는 제동이 걸리면 **유압 브레이크**뿐만 아니라 **회생 브레이크**도 작동합니다. 유압 브레이크는 유압을 이용해 기계적으로 제동하는 방식이고, 회생 브레이크는 **모터를 사용하는 제동 방식**입니다.

다시 말해, 전기자동차에서는 모터가 브레이크 역할도 하는 셈입니다.

전기를 만들어 내는 회생 브레이크

회생 브레이크가 작동할 때는 모터가 발전기 기능을 합니다(그림 1-11). 따라서 차량의 운동 에너지 일부가 모터에서 전기 에너지로 변환되고, 다시 구동 배터리에서 전기 에너지가 화학 에너지로 변환되어 저장됩니다(그림 1-12). 이때, 모터에 제동력이 발생합니다.

에너지를 절약하는 아이디어

회생 브레이크는 유압 브레이크를 지원하는 동시에 전기자동차가 소비하는 에너지를 절약하는 역할도 합니다. 차량의 운동 에너지 일부를 감속할 때 회수하여 구동 배터리에 저장했다가 가속할 때 다시 사용함으로써 **에너지 재활용을 실현**하는 것입니다.

| 그림 1-11 | 모터가 발전기가 되는 원리(직류 모터의 경우) |

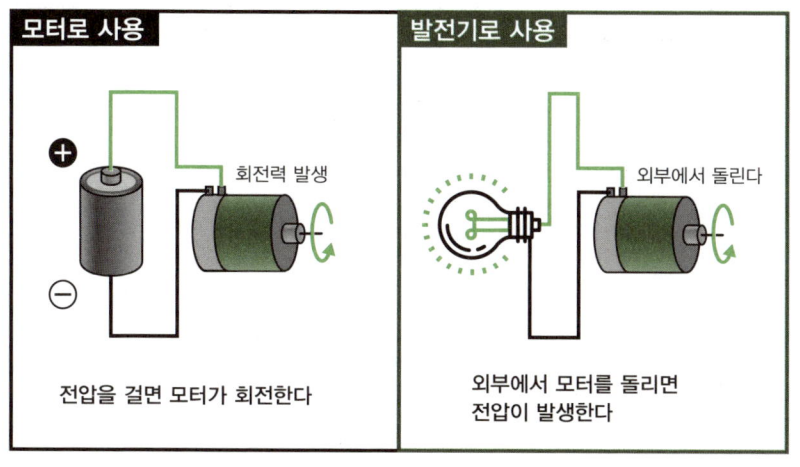

모터는 외부 힘으로 돌아가면 발전기가 되어 전기를 생산한다

| 그림 1-12 | 회생 브레이크의 원리 |

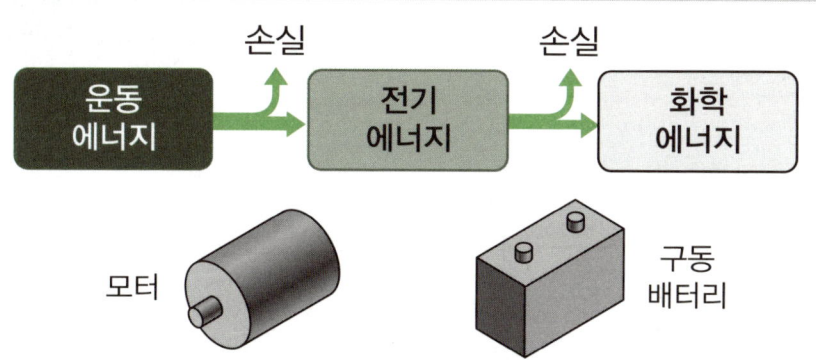

- 차량의 운동 에너지 일부를 모터에서 전기 에너지로 변환하고, 구동 배터리에서 화학 에너지로 변환하여 저장한다
- 이때 운동 에너지의 일부가 소비되면서 제동력이 발생한다

Point
- ✔ 전기자동차에는 유압 브레이크와 회생 브레이크가 모두 작동한다.
- ✔ 회생 브레이크는 모터를 사용하는 제동 방식이다.
- ✔ 회생 브레이크를 사용하면 에너지를 재활용할 수 있다.

1-7 방전, 주행 거리

≫ 주행⑤ 얼마나 달릴 수 있는가?

주행 가능 거리와 전기 부족

전기자동차에는 **주행 가능 거리와 구동 배터리 잔량을 나타내는 표시**가 있으며, 주행할수록 그 거리는 짧아집니다. 리프의 경우, 운전석 앞 계기판에서 속도계 왼쪽에 주행 가능 거리(km)와 구동 배터리 잔량(%)이 표시됩니다(그림 1-13).

이 수치들이 0에 가까워지면 구동 배터리가 전력을 공급할 수 없어 전기자동차가 달릴 수 없게 됩니다. 이런 상태를 **방전**됐다고 표현합니다. 내연기관 자동차가 연료를 보충해야 하는 것처럼 전기자동차도 배터리가 방전되기 전에 구동 배터리를 충분히 충전해 두어야 합니다.

배터리 용량이 주행 거리를 좌우한다

자동차가 한 번 에너지를 공급(급유, 충전, 연료 충전)받고 주행할 수 있는 거리를 주행 거리(항속 거리)라고 부릅니다. 전기자동차의 주행 거리는 전원인 구동 배터리 용량에 크게 좌우됩니다.

현재로서는 전기자동차의 용도가 근거리로 제한될 것으로 보입니다(그림 1-14). 하이브리드 자동차(HV)나 플러그인 하이브리드 자동차(PHV), 연료전지 자동차(FCV) 등과 비교하면 주행 거리가 짧은 차종이 많기 때문입니다.

하지만 구동 배터리 용량이 증가하거나, 싸고 에너지 밀도가 높은 구동 배터리가 개발된다면 전기자동차의 주행 거리를 더욱 늘릴 수 있을 것입니다.

또한 전기자동차의 주행 거리는 운전 중 소비되는 전력을 아껴서 늘릴 수도 있습니다. 예를 들어, 급가속이나 급감속을 자제하여 구동을 위해 소비되는 에너지를 절약하거나 에어컨 등의 사용을 자제하면 주행 거리가 늘어납니다.

그림 1-13 운전석 계기판 표시(리프)

속도계 왼쪽으로 주행 가능 거리(위 사진에선 360km)와
구동 배터리 잔량(위 사진에선 100%)이 표시된다

그림 1-14 각종 자동차의 주행 거리

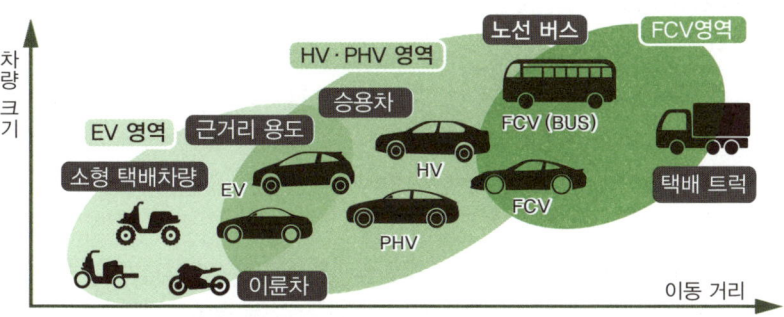

- EV는 전기자동차, HV는 하이브리드 자동차, PHV는 플러그인 하이브리드 자동차, FCV는 연료전지 자동차를 나타낸다
- 전기자동차는 주행 거리가 짧아 근거리 용도에 적합하다

출처: 일반사단법인 일본자동차공업협회 '2050년 탄소중립을 위한 과제와 대응'을 바탕으로 작성
(URL: https://www.meti.go.jp/shingikai/mono_info_service/carbon_neutral_car/pdf/004_04_00.pdf)

Point
- ✓ 대부분의 전기자동차는 주행 가능 거리와 배터리 잔량을 표시한다.
- ✓ 배터리 잔량이 0이 되면 방전되어 움직일 수 없게 된다.
- ✓ 자동차가 1회 에너지 보급으로 주행할 수 있는 거리를 주행 거리라고 한다.

1-8 완속 충전, 급속 충전, 전기충전소

≫ 충전① 전기자동차를 충전한다

두 개의 충전 포트

리프로 드라이브를 즐겼다면, 이번에는 충전을 경험해 봅시다. 충전은 가솔린 자동차의 주유에 해당하는 작업이지만, 주유와는 개념이나 시행 빈도가 다릅니다.

충전을 하려면 먼저 충전 포트의 덮개를 열어야 합니다. 리프의 경우, 차량 내부에 있는 레버를 당기면 차량 앞머리 보닛^{Bonnet} 위에 있는 커버가 열리고, 두 개의 충전 포트가 모습을 드러냅니다(그림 1-15). 충전 포트가 두 개인 이유는 **완속 충전**과 **급속 충전**에 사용하는 충전 포트가 따로 있기 때문입니다.

두 가지 충전 방식

전기자동차를 충전하는 방식에는 완속 충전과 급속 충전의 두 가지가 있습니다(그림 1-16). 완속 충전은 **평소에 사용하는 충전 방식**으로, 작은 전류로 배터리를 충전하는 방식입니다. 이 방법은 충전하는 데 시간이 오래 걸리지만 배터리에 부하를 적게 주기 때문에 완전히 충전할 수 있습니다. 주택에서 완속 충전을 하려면 주차장에 충전 시설을 설치할 필요가 있습니다.

반면 급속 충전은 **외출 시 완전 방전되지 않도록 응급용으로 사용하는 충전 방법**으로, 큰 전류를 단시간에 흐르게 하여 배터리를 충전하는 방식입니다. 급속 충전 방식은 충전 시간이 30~60분 정도로 완속 충전보다 짧지만, 배터리에 가해지는 부하가 커서 80%까지만 충전할 수 있습니다. 급속 충전은 큰 전류를 내보낼 수 있는 설비를 갖춘 **전기충전소**에서 이루어집니다.

즉, 전기자동차 충전은 가솔린 자동차의 급유와는 개념이 다르고 시간이 오래 걸립니다. 이 때문에 '전기자동차는 불편하다'라고 생각하는 사람도 있지만, 충전 방식의 특성을 이해하면 전기자동차를 편리하게 사용할 수 있습니다.

그림 1-15 리프 앞쪽에 있는 충전 포트

왼쪽은 급속 충전용, 오른쪽은 완속 충전용 포트

그림 1-16 완속 충전과 급속 충전의 충전 소요 시간

	완속 충전	급속 충전
충전에 필요한 시간	약 8시간 (6kW 충전기) 약 16시간 (3kW 충전기)	약 30~60분

※충전 소요 시간은 닛산 '리프' 40kWh 배터리 탑재 차량의 경우

Point
- ✓ 전기자동차 충전 방식에는 완속 충전과 급속 충전이 있다.
- ✓ 완속 충전이 평상시 충전 방식이고, 급속 충전보다 시간이 오래 걸린다.
- ✓ 급속 충전은 주로 이동 중에 하는 충전 방식으로 30~60분 정도 소요된다.

1-9 가정용 완속 충전기

▶▶ 충전② 가정에서 완속 충전한다

매일 완속으로 충전한다

전기자동차는 기본적으로 매일 완속 충전하는 것을 전제로 설계됐습니다. 급속 충전을 반복하면 배터리 성능이 빨리 저하되기 때문입니다. 그러나 앞에서 설명한 대로 완속 충전에는 시간이 오래 걸립니다. 예를 들어, 리프(40kWh)의 경우 완속 충전에 8~16시간이 걸립니다.

그러므로 전기자동차를 가정용 차량으로 이용할 경우, 자택(단독주택 또는 아파트)에서 **완속 충전할 수 있는 환경을 갖추어야 하며**, 운행을 마치고 귀가하면 바로 충전 포트에 커넥터를 연결하여 배터리를 충전해야 합니다(그림 1-17). 연료 탱크가 텅 비기 직전에 주유소에서 연료를 채우는 가솔린 차량과는 운용 방식이 꽤 다릅니다.

두 종류의 완속 충전

자택(단독주택, 아파트) 주차장에서 완속 충전을 하려면 자택에 공급되는 전기를 전용 케이블을 통해 전기자동차로 보내야 합니다(그림 1-18).

이를 위한 방법은 두 가지가 있습니다. 하나는 주차장 가까이에 있는 일반 콘센트에 직접 휴대용 충전 케이블로 전기자동차의 충전 포트를 연결하는 방법이고, 다른 하나는 주택의 경우 **가정용 완속 충전기**를 설치해서 전기자동차의 충전 포트를 연결하는 방법이 있습니다.

전자는 후자보다 전압이 낮고 큰 용량의 전류를 보낼 수 없기 때문에 후자보다 충전 시간이 더 오래 걸립니다. 후자는 설비 업체를 불러 전용 콘센트를 설치하는 공사를 해야 하지만, 전자의 경우보다 충전 시간을 단축할 수 있습니다.*

---

* 역주: 한국에서 사용되는 가정용 완속 충전기는 3~11kW 등 다양합니다.

그림 1-17 가정에서 사용하는 완속 충전기

자택에 설치한 가정용 완속 충전기와 전기자동차의 충전 포트를 케이블로 연결한다

(사진제공: 닛산자동차)

그림 1-18 충전용 콘센트(AC 220V)

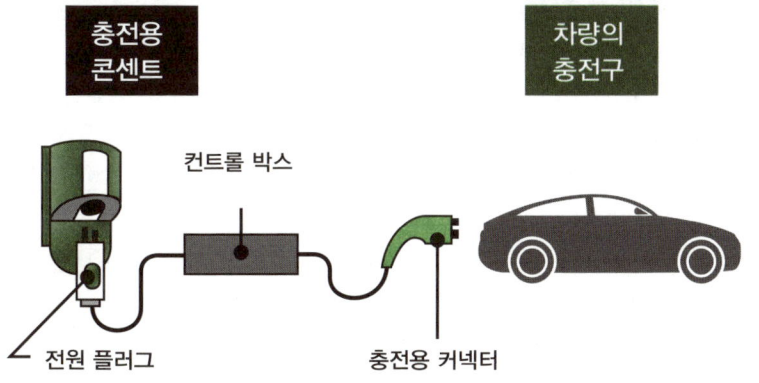

출처: EV DAYS 'EV 충전 콘센트'를 바탕으로 작성
(URL: https://evdays.tepco.co.jp/entry/2021/11/24/000024)

Point
- ✔ 전기자동차는 기본적으로 매일 완속 충전하는 것을 전제로 설계됐다.
- ✔ 전기자동차를 집에서 충전하려면 완속 충전기가 필요하다.
- ✔ 가정용 완속 충전은 방식에 따라 일반 콘센트를 사용할 수도 있고 전기 공사가 필요할 수도 있다.

1-10 내비게이션, 스마트폰 앱

≫ 충전③ 충전소를 찾는다

만약 전기가 부족해질 것 같다면

만약 전기자동차 운전 중에 전기가 부족해질 것 같으면 충전소를 찾아가 충전해야 합니다. 충전소를 포함한 충전 시설에는 완속 충전용과 급속 충전용이 있는데, 이동 중 충전할 때는 단시간에 충전할 수 있는 급속 충전용을 사용하는 것이 일반적입니다.

급속 충전이 가능한 충전기는 2025년 5월 기준 한국 전역에 46,881기(환경부 조사)가 설치되어 있습니다(그림 1-19). 자동차가 많이 모이는 도심에서는 충전소를 쉽게 찾을 수 있을 것입니다.

가장 가까운 충전소를 찾는 방법은 여러 가지가 있습니다. 대표적인 방법은 전기자동차에 탑재된 **내비게이션**으로 **가장 가까운 충전소 위치를 찾는 것입니다.**

스마트폰이나 PC로 확인한다

충전소 위치는 스마트폰이나 PC로도 검색할 수 있습니다. 예를 들어 구글이나 네이버에서 '전기자동차 충전소'를 검색하고 지도를 클릭하면 충전소 위치가 표시됩니다. 해당 위치를 클릭하면 충전소 정보와 설치된 충전기 종류, 충전 가능한 충전기 수 등을 확인할 수 있습니다. 단, 충전소에 따라선 자세한 정보를 얻지 못하는 경우도 있습니다.

운전하기 전에 충전소 위치를 확인하고 싶다면 전기자동차 충전소 정보를 알려 주는 **스마트폰 앱**을 설치하거나 지도 앱에서 전기자동차 충전소를 검색하면 편리합니다. 예를 들어 '네이버 지도' 또는 '카카오맵'에서는 충전소 위치와 정보, 그리고 충전소까지 가는 경로를 알려 줍니다(그림 1-20).

그림 1-19 국내 급속 충전기 구축 현황

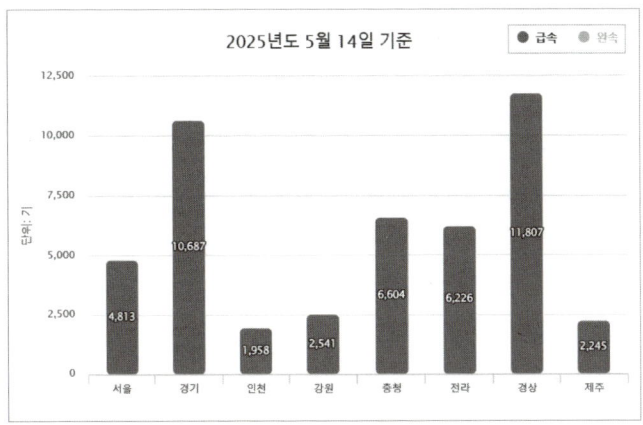

출처: 차지인포(URL: https://chargeinfo.ksga.org/front/statistics/charger)

그림 1-20 스마트폰 앱을 이용한다

운전하기 전에 충전소 위치를 파악하면 편리하다

Point
- ✓ 전기가 부족해질 것 같으면 내비게이션 기능으로 충전소를 찾는다.
- ✓ 스마트폰이나 PC로 충전소 위치를 찾는 방법도 있다.
- ✓ 충전소 찾기 앱을 설치하거나 지도 앱을 이용하면 편리하다.

1-11 차량 가격

》 사용해 봐야 알 수 있는 장점과 단점

운전이나 충전을 체험해 보면 알 수 있는 것

지금까지 '리프'의 운전과 충전을 가상으로 체험해 보면서 전기자동차의 특징에 대해 소개했습니다. 어떠셨나요?

전기자동차 특유의 '조용하고 파워풀한 주행을 즐기고 싶다'고 생각하는 분들은 한번 타 보고 싶다는 생각이 들었을 것입니다. 반면, '충전하기가 귀찮을 것 같다'고 생각하는 분들은 타 보고 싶지 않을 수도 있습니다. 여러분은 어느 쪽인가요?

전기자동차의 장점과 단점

그럼 여기서, 사용자 입장에서 가솔린 자동차와 비교한 전기자동차의 장단점을 정리해 보겠습니다(그림 1-21).

전기자동차의 주요 장점으로는 주행 중 환경에 유해한 물질을 배출하지 않으며, 저속에서부터 강력하고 부드러운 가속이 가능하고 조작성과 정숙성이 뛰어난 점을 들 수 있습니다. 또한 엔진이 없기 때문에 엔진 오일이나 팬 벨트와 같은 소모품을 정기적으로 교체할 필요가 없어 유지비가 저렴하다는 장점도 있습니다.

반면에, 주요 단점으로는 일반적으로 주행 거리가 짧고 충전 방법이 가솔린 자동차의 주유 방법과 크게 다른 점을 들 수 있습니다. 게다가 현시점에서 전기자동차는 가솔린 자동차보다 **차량 가격**이 비싸고, 보조금을 포함해도 구입 비용이 높다는 단점도 있습니다(그림 1-22). 이 부분에 대해서는 차량 가격뿐만 아니라 충전 비용과 유지 비용을 포함한 **총비용을 비교할 필요가 있습니다**.

다만 이것들은 이용자 관점에서 본 장단점으로, 원래라면 국가 환경 대책뿐만 아니라 자동차 산업 전략과 에너지 정책을 포함한 넓은 관점에서 전기자동차의 장단점을 비교할 필요가 있습니다.

그림 1-21 전기자동차와 가솔린 자동차의 비교

	가솔린 자동차	전기자동차
구동에 사용하는 동력원	가솔린 엔진	모터
주행 시 발생하는 유해 물질	있음	없음
주행 시 발생하는 소음	크다	작다
주행 거리	길다	짧다(일부 차종 제외)
에너지 보급에 필요한 시간	짧다(수분)	길다(급속 충전으로 30~60분 정도)
차량 가격	싸다	비싸다

그림 1-22 주행 거리와 차량 가격의 차이(2025년 5월 시점)

	차종 (중형 세단 기준)	배터리 용량	주행 거리	차량 가격
가솔린 자동차	현대 쏘나타	–	756km(※)	2,831만 원
	기아 K5	–	756km(※)	2,851만 원
하이브리드 자동차	현대 쏘나타 하이브리드	비공개	970km(※)	3,383만 원
	기아 K5 하이브리드	비공개	940km(※)	3,293만 원
전기자동차 (AWD)	현대 아이오닉6	77.4kWh	484km	5,330만 원
	테슬라 모델3	81.6kWh	488km	5,999만 원

※연비 X 연료 탱크 용량으로 계산

Point
- ✓ 전기자동차와 가솔린 자동차는 각각 장점과 단점이 있다.
- ✓ 전기자동차는 가솔린 자동차보다 차량 가격이 비교적 비싸다.
- ✓ 이 둘은 넓은 시야로 비교하고 각각 평가할 필요가 있다.

> 해보자　　　　**주변에 있는 충전소 위치를 확인해 보자**

스마트폰으로 검색한다

1-10에서 설명한 것처럼 충전소 위치는 스마트폰으로 확인할 수 있습니다. 구글 등의 검색 사이트나 스마트폰 앱을 이용해 현재 위치 근처에 있는 충전소를 찾아보세요.

컴퓨터로 검색한다

충전소 위치는 PC에서도 검색할 수 있습니다. 전기자동차로 운전을 시작하기 전에 넓은 범위의 충전소 위치를 확인하려면 화면이 큰 PC가 더 편리합니다. 다만, 운전 중 현재 위치에서 충전소까지의 경로를 안내해 주는 점에서는 스마트폰 앱을 사용하는 것이 더 편리합니다.

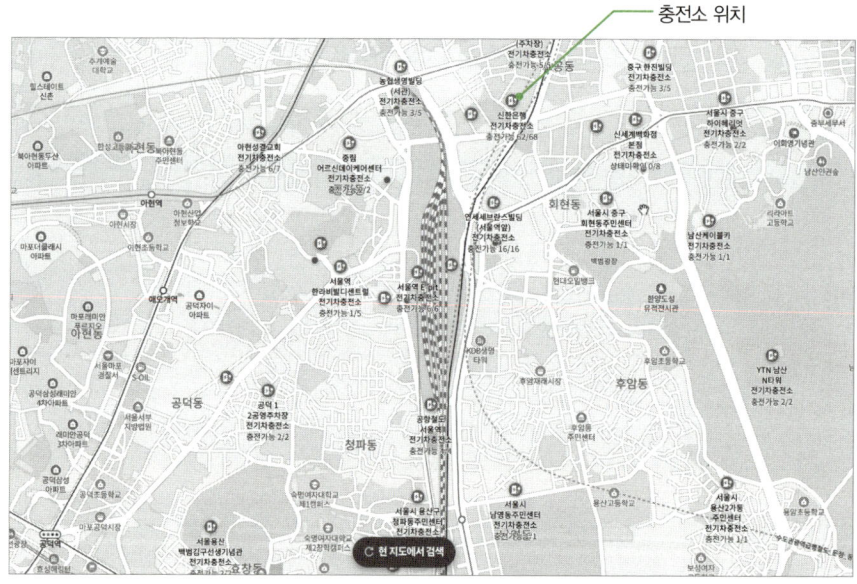

PC로 검색한 서울역 근처의 충전소 위치(네이버 지도에서 검색)

Chapter 2

전기자동차의 구조와 종류

파워트레인의 차이로 이해한다

Electric Vehicle

2-1 바디, 섀시, 파워트레인

≫ 전기자동차의 기본 구조

바디와 섀시

자동차의 주요 부품에는 **바디**Body와 **섀시**Chassis가 있습니다(그림 2-1). 바디는 사람이나 물건을 실을 수 있는 상자 모양의 구조물입니다. 섀시는 바퀴가 달린 주행 장치로, 바디에 전달되는 진동과 충격을 완화하는 서스펜션도 여기에 포함됩니다. 즉, 전기자동차는 섀시 위에 바디가 얹혀 있는 구조입니다.

전기자동차의 바디 구조는 가솔린 자동차와 거의 동일합니다. 또한, 전기자동차의 섀시 구조도 **파워트레인**이라는 구동과 관련된 장비의 집합체를 제외하고는 가솔린 자동차와 기본적으로 같습니다.

특징은 파워트레인

1-2에서도 언급했듯이 전기자동차와 가솔린 자동차의 가장 큰 차이점은 파워트레인 구조에 있습니다. 전기자동차의 파워트레인은 주로 모터와 파워 컨트롤 유닛, 그리고 구동 배터리로 이루어집니다.

전기자동차의 파워트레인 구조는 가솔린 자동차의 파워트레인 구조보다 단순한데, 엔진이나 변속기처럼 부품 수가 많은 장치가 없기 때문입니다.

이 때문에 전기자동차는 가솔린 자동차보다 전체 부품 수가 적습니다(그림 2-2). 부품 수는 세는 방법에 따라 다르지만, 세밀하게 세면 가솔린 자동차는 3~10만 개인 반면, 전기자동차는 1~2만 개로 알려져 있습니다.

또한, 전기자동차는 가솔린 자동차보다 **블랙박스화된 부품이 많기 때문에**, 전기자동차를 정비하려면 가솔린 자동차와는 다른 전문 지식이 필요합니다.

| 그림 2-1 | 승용차의 기본 구조(가솔린 자동차) |

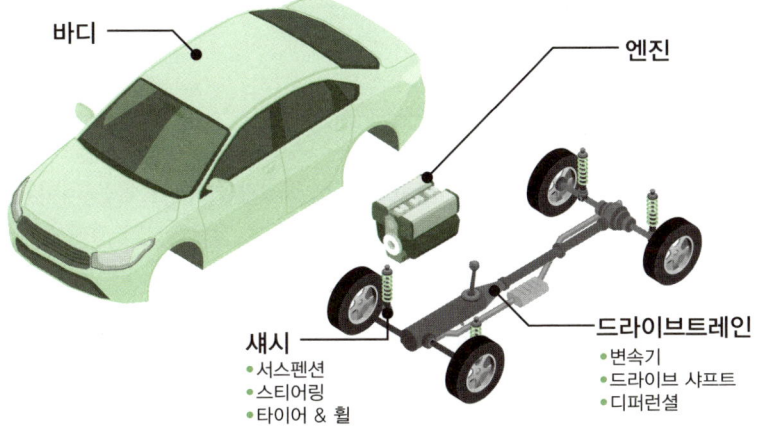

자동차는 섀시 위에 바디가 올려진 구조이다

출처: Freepik / 작성자: macrovector

| 그림 2-2 | 가솔린 자동차와 전기자동차의 부품 개수 |

	가솔린 자동차	전기자동차
차체 구조	복잡	단순
부품 수	3~10만	1~2만
동력원	엔진	모터
주요 부품	클러치, 머플러, 라디에이터, 연료 탱크, 변속기, 엔진	구동 배터리, 파워 컨트롤 유닛, 모터

전기자동차는 가솔린 자동차보다 부품 수가 적다

Point
- ✔ 전기자동차의 부품은 크게 바디와 섀시로 나뉜다.
- ✔ 섀시에서 '구동과 관련된 부분'을 파워트레인이라고 한다.
- ✔ 전기자동차의 파워트레인은 블랙박스화된 부품이 많다.

2-2 HV, PHV, FCV, BEV, xEV, 전동자동차, 궁극의 친환경 자동차

≫ 전기자동차의 종류

좁은 의미와 넓은 의미

다음으로 전기자동차의 종류를 살펴보겠습니다. 전기자동차에는 좁은 의미와 넓은 의미가 있습니다(그림 2-3). 좁은 의미의 전기자동차는 지금까지 소개해 온 배터리를 전원으로 해서 모터로 구동하는 자동차입니다. 넓은 의미의 전기자동차는 모터로 구동하는 모든 전동자동차를 나타내며, 하이브리드 자동차(**HV**), 플러그인 하이브리드 자동차(**PHV**), 연료전지 자동차(**FCV**) 등을 포함합니다. 좁은 의미의 전기자동차를 배터리식 전기자동차(**BEV**), 넓은 의미의 전기자동차를 **전동자동차**(**xEV**)로 부르기도 합니다 (그림 2-4).

따라서 이 책에서는 일반적으로 사용되는 용어에 맞추기 위해, 좁은 의미의 배터리식 전기자동차를 전기자동차(EV), 넓은 의미의 전기자동차를 전동자동차라고 부르겠습니다.

전동자동차가 개발된 배경

조금 전 소개한 전동자동차는 가솔린 자동차에 비해 주행 중에 유해한 배기가스를 적게 배출하거나 배출하지 않기에 일반적으로 '친환경 자동차'로 불립니다. 이러한 친환경 자동차가 개발된 배경에는 가솔린 자동차나 디젤 자동차가 배출하는 배기가스가 대기오염과 지구온난화의 원인이라고 문제가 제기됐기 때문입니다.

즉, 최근 등장한 전동자동차는 가솔린 자동차나 디젤 자동차가 일으킨 문제를 해결하기 위해 개발된 것입니다. 특히, 전기자동차와 연료전지 자동차는 엔진이 없어, 주행 중 유해한 배기가스를 배출하지 않으므로 '**궁극의 친환경 자동차**'라고도 할 수 있습니다.

그림 2-3 좁은 의미와 넓은 의미로 구분한 전기자동차

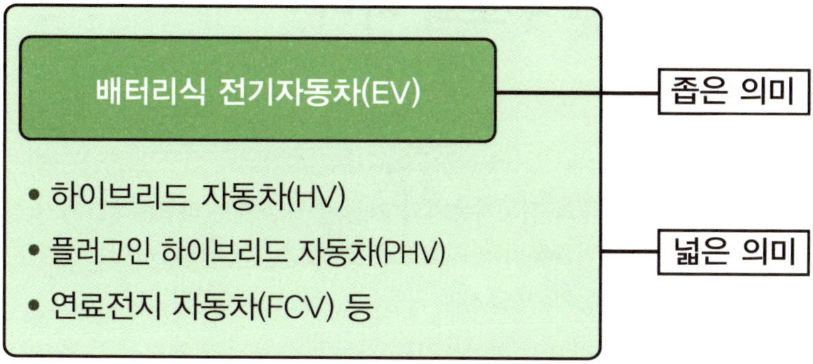

배터리식 전기자동차(EV) ─ 좁은 의미

- 하이브리드 자동차(HV)
- 플러그인 하이브리드 자동차(PHV)
- 연료전지 자동차(FCV) 등

─ 넓은 의미

그림 2-4 주요 전동자동차의 종류

	한글 표기	영문 표기	줄임말
전동자동차 (xEV)	전기자동차	Electric Vehicle (Battery Electric Vehicle)	EV(BEV)
	하이브리드 자동차	Hybrid Vehicle (Hybrid Electric Vehicle)	HV(HEV)
	플러그인 하이브리드 자동차	Plug-in Hybrid Vehicle (Plug-in Hybrid Electric Vehicle)	PHV(PHEV)
	연료전지 자동차	Fuel Cell Vehicle (Fuel Cell Electric Vehicle)	FCV(FCEV)

Point
- ✔ 좁은 의미의 전기자동차는 배터리식 전기자동차(BEV)라고도 한다.
- ✔ 넓은 의미의 전기자동차는 모터로 구동되는 전동자동차(xEV) 전체를 지칭한다.
- ✔ 최근 등장한 전동자동차는 환경 문제를 완화하기 위해 개발됐다.

2-3 파워트레인, 주행 거리

≫ 종류에 따른 구조의 차이

파워트레인의 차이

앞 절에서 소개한 네 종류의 전동자동차와 가솔린 자동차는 **파워트레인** 구조가 각각 다릅니다(그림 2-5). 전기자동차는 비교적 구조가 단순한 반면, 하이브리드 자동차, 플러그인 하이브리드 자동차, 연료전지 자동차는 구조가 복잡합니다.

하이브리드 자동차와 플러그인 하이브리드 자동차는 모터와 엔진이 둘 다 탑재되어 있습니다. 플러그인 하이브리드 자동차는 외부 전원으로 충전할 수 있는 하이브리드 자동차이며, 전기자동차와 마찬가지로 충전 포트가 있습니다.

전기자동차와 연료전지 자동차는 모터에서 전달되는 동력만으로 움직입니다. 엔진이 없기 때문에 주행 중 유해한 배기가스나 큰 소음을 발생시키지 않습니다.

주행 거리가 긴 전동자동차

1-7에서도 언급한 것처럼 일반적으로 전기자동차는 가솔린 자동차보다 **주행 거리**가 짧다는 단점이 있습니다. 전기자동차 이외의 세 가지 전동자동차는 이 단점을 보완하기 위해 개발됐습니다.

하이브리드 자동차는 가솔린 자동차에 에너지를 재활용하는 시스템을 결합하여 가솔린 자동차보다 주행 거리가 길며, **승용차 중에는 주행 거리가 1,000km를 넘는 차종도 있습니다**. 플러그인 하이브리드 자동차는 전기자동차처럼 외부 전원으로 구동 배터리를 충전할 수 있어 주행 거리를 더욱 늘릴 수 있습니다.

연료전지 자동차는 전기자동차에 연료전지라 불리는 발전 장치와 연료 탱크를 추가한 구조로 되어 있으며, 전기자동차보다 주행 거리가 길다는 특징이 있습니다.

그림 2-5 각종 전동자동차의 파워트레인 구조(토요타의 예)

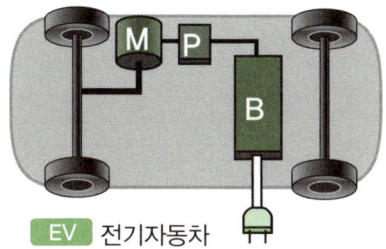

EV 전기자동차

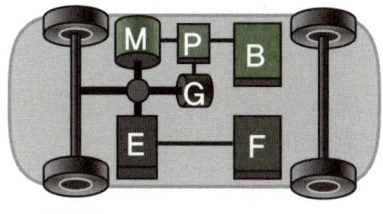

HV 하이브리드 자동차 (스플릿 방식)

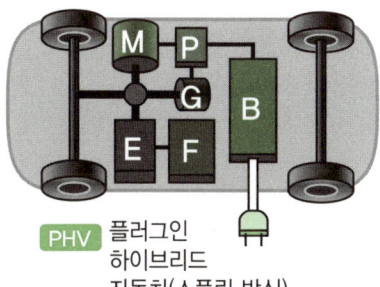

PHV 플러그인 하이브리드 자동차(스플릿 방식)

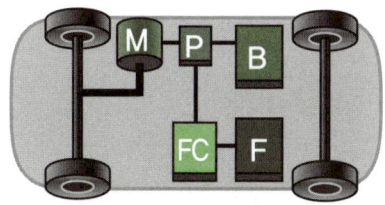

FCV 연료전지 자동차

M	모터	B	구동 배터리
E	엔진	F	연료 탱크
G	발전기	FC	연료전지
P	파워 컨트롤 유닛	⏚	외부 전원

전기자동차 및 플러그인 하이브리드 자동차는
외부 전원으로 구동 배터리를 충전할 수 있다

Point
- ✓ 전동자동차의 파워트레인 구조는 종류에 따라 다르다.
- ✓ 전기자동차는 일반적으로 가솔린 자동차보다 주행 거리가 짧다.
- ✓ 하이브리드 승용차 중에는 주행 거리가 1,000km를 넘는 차종도 있다.

2-4 회생 브레이크, 유압 브레이크, 엔진 브레이크

≫ 전동자동차의 공통점

에너지 재활용

현재 판매되는 전동자동차의 파워트레인에는 공통점이 있습니다. **모두 대용량 구동 배터리(이차전지)를 탑재하고 있으며,** 회생 브레이크를 사용할 수 있는 구조라는 점입니다.

이러한 기술 덕분에 에너지를 재활용할 수 있게 되자, 전동자동차 전체의 에너지 효율이 높아졌습니다. 전력이나 연료 소비량이 줄어들고 주행 거리가 늘어나는 중요한 요인이 된 것입니다.

에너지 효율을 높이는 회생 브레이크

회생 브레이크는 모터를 사용하는 제동 방식입니다. 모터가 발전기도 된다는 성질을 이용해 감속 시 바퀴로 모터를 회전시키고, 그렇게 해서 발전한 전기를 구동 배터리에 충전하면서 제동력을 얻습니다(그림 2-6).

회생 브레이크는 현재 모든 전동자동차에 도입되어 있습니다. 그렇다면 감속 시 어떻게 에너지를 변환하는지 가솔린 자동차와 비교하여 설명하겠습니다.

기존 가솔린 자동차는 감속할 때 자동차의 운동 에너지를 **유압 브레이크**나 **엔진 브레이크**에 의해 열 에너지로 변환하여 대기로 방출했습니다. 즉, **에너지를 버렸던 것**입니다.

현재 전동자동차는 회생 브레이크와 유압 브레이크를 모두 사용하여 감속합니다. 회생 브레이크를 사용할 때는 자동차의 운동 에너지 일부를 모터에서 전기 에너지로 변환한 후, 구동 배터리에서 화학 에너지로 변환해 저장합니다. 즉, 기존에 버려지던 에너지 일부를 회수하여 구동 배터리를 충전하고, 다음 가속 시 방전하여 모터를 돌릴 수 있게 함으로써 **에너지를 재활용할 수 있게 한 것**입니다.

그림 2-6 가속 시와 감속 시의 에너지 변환

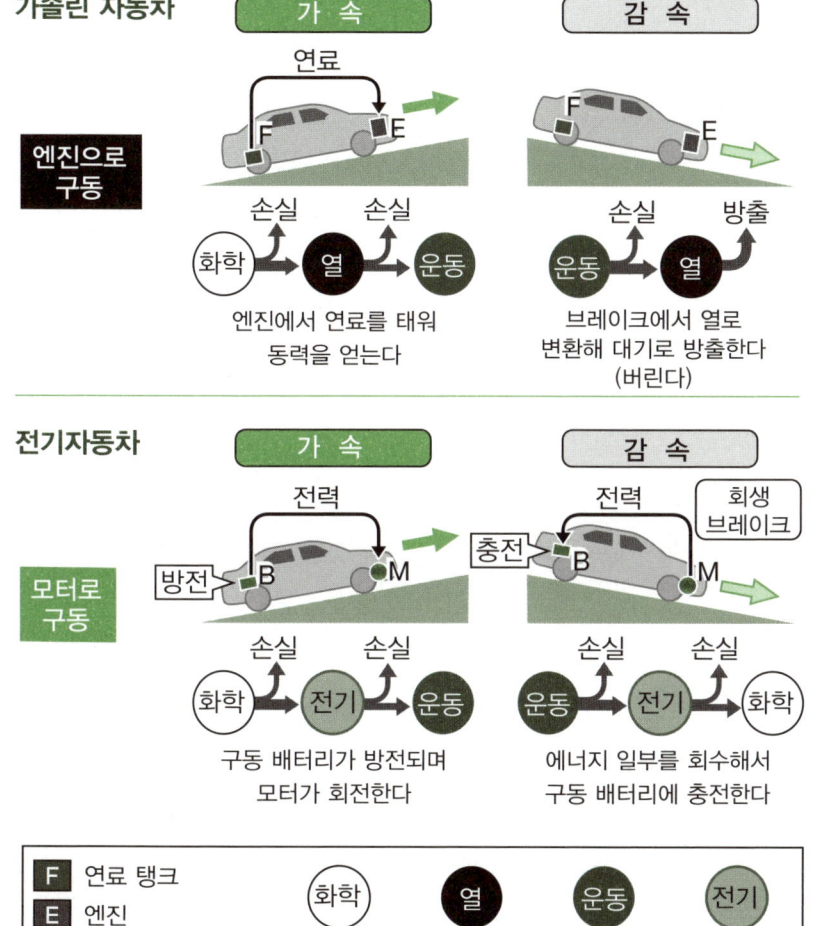

- Point
  - ✔ 현재 전동자동차는 대용량 배터리와 회생 브레이크를 채택하고 있다.
  - ✔ 가솔린 자동차는 감속 시 많은 에너지를 버리고 있다.
  - ✔ 회생 브레이크를 사용하면 전동자동차의 에너지 효율이 높아진다.

2-5 직렬 방식, 병렬 방식, 직병렬 방식

▶▶ 하이브리드 자동차① 동력 전달 방식

엔진과 모터로 움직인다

하이브리드 자동차는 일반적으로 엔진 구동과 모터 구동이라는 두 가지 시스템을 혼합(Hybrid)한 자동차를 가리킵니다. 이 때문에 **기존 가솔린 자동차보다 구조가 복잡하고 차량 가격이 비쌉니다**.

세계 최초의 양산형 하이브리드 승용차는 1997년 판매를 시작한 토요타의 초대 '프리우스'입니다(그림 2-7).

3가지 동력 전달 방식

하이브리드 자동차에는 3가지 동력 전달 방식이 있습니다(그림 2-8). **직렬 방식**과 **병렬 방식**, 그리고 **직병렬 방식**입니다. 이 외에도 하이브리드 자동차의 장점을 부분적으로 도입한 마일드 하이브리드라는 간이형 하이브리드도 존재하지만, 이 책에서는 설명을 생략합니다.

이 세 가지 동력 전달 방식에는 각각 장단점이 있습니다. 2-6~2-8에서 그 특징에 대해 설명하겠습니다.

이른 시기에 양산화된 니켈-수소전지

하이브리드 자동차는 구동 배터리로 주로 니켈-수소전지와 리튬이온전지를 채택하고 있습니다. 니켈-수소전지는 리튬이온전지보다 안전성과 신뢰성이 높고, 이른 시기에 양산된 이차전지입니다. 현재 국내에서는 가볍고 에너지 밀도가 높은 리튬이온전지를 주로 사용하고 있습니다.

구동 배터리와 보조 배터리(차의 전자장치 등을 위한 보조용)의 차이점에 대해서는 4-3에서 자세히 설명하겠습니다.

그림 2-7 세계 최초의 양산형 하이브리드 승용차

토요타가 1997년에 판매하기 시작한 초대 '프리우스'
(사진제공: 토요타자동차)

그림 2-8 하이브리드 자동차에서 사용되는 세 가지 동력 전달 방식

동력 전달 방식	대표적인 차종
직렬 방식	닛산 '노트 e-POWER'
병렬 방식	토요타 '인사이트', 현대 '쏘나타 하이브리드'
직병렬 방식	토요타 '프리우스'

Point
- ✔ 하이브리드 자동차는 가솔린 자동차보다 구조가 복잡하고 비싸다.
- ✔ 하이브리드 자동차의 동력 전달 방식은 주로 세 종류가 있다.
- ✔ 하이브리드 자동차는 주로 니켈-수소전지와 리튬이온전지를 사용한다.

2-6 직렬 방식, 병렬 방식

▶▶ 하이브리드 자동차② 직렬 방식과 병렬 방식

엔진으로 발전기를 돌리는 직렬 방식

직렬 방식은 **구동계 장치를 직렬로 배치한 방식**입니다(그림 2-9). 엔진은 발전기를 돌리고, 생산된 전기로 모터를 회전시켜 바퀴를 움직입니다.

엔진의 동력은 오직 발전기 작동에만 쓰이고, 바퀴를 직접 움직이지는 않습니다. 따라서 '엔진 동력으로 전기를 생산하는 발전기를 탑재한 전기자동차'라고 할 수 있습니다. 전류는 발전기에서 파워 컨트롤 유닛을 거쳐 모터와 구동 배터리로 흐릅니다.

직렬 방식을 채택한 승용차의 대표적인 예로는 닛산의 e-POWER 시스템을 채용한 '노트 e-POWER'(그림 2-10)와 '세레나 e-POWER'가 있습니다. 이들 차량에는 같은 회사의 전기자동차인 리프의 기술이 많이 사용됐습니다.

엔진과 모터가 둘 다 바퀴를 구동하는 병렬 방식

병렬 방식은 **구동계 장치를 병렬로 배치한 방식**입니다. 엔진과 모터가 모두 바퀴의 구동에 관여합니다. 엔진의 동력은 변속기나 클러치, 감속기(기어장치)를 통해 바퀴에 전달됩니다.

모터의 동력은 감속기를 통해 바퀴에 전달됩니다. 모터에 전류가 흐르지 않으면 엔진만으로 구동할 수 있고, 엔진의 동력으로 모터를 회전시켜 생산한 전기를 구동 배터리에 충전할 수 있습니다. 또한, 클러치로 엔진을 분리하면 모터만으로 구동할 수도 있습니다.

병렬 방식을 채택한 승용차의 대표적인 예로는 혼다의 IMA 시스템을 도입한 '인사이트'(그림 2-11)와 현대의 '쏘나타 하이브리드', 기아의 'K5 하이브리드'가 있습니다.

그림 2-9 직렬 방식과 병렬 방식의 구조

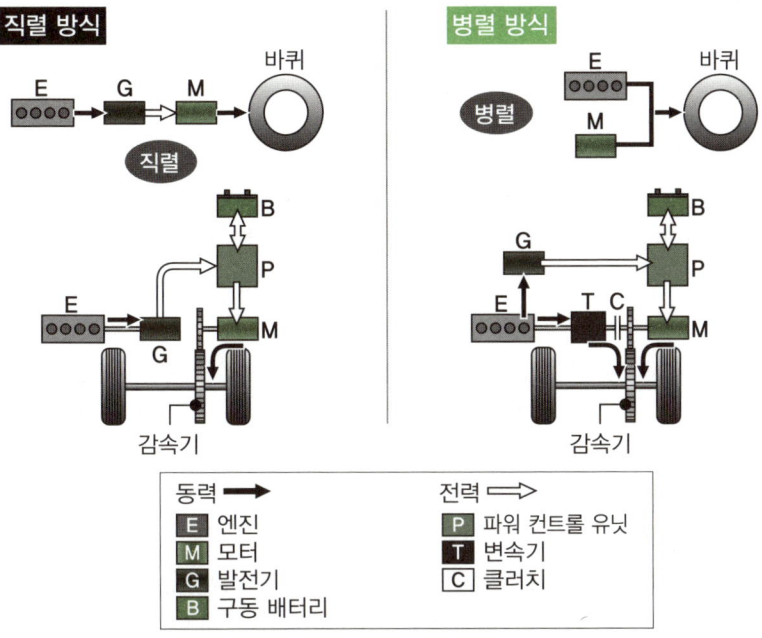

구동계 장치는 직렬 방식에선 직렬로, 병렬 방식에선 병렬로 배치된다

그림 2-10 닛산의 초기 '노트 e-POWER'

(사진제공: 닛산자동차)

그림 2-11 혼다의 초기 '인사이트'

(사진제공: 혼다기연공업)

Point
- ✓ 직렬 방식에서는 구동계 장치를 직렬로 배치한다.
- ✓ 병렬 방식에서는 구동계 장치를 병렬로 배치한다.

2-7 직병렬 방식, 동력분할기구, 스플릿 방식

❱❱ 하이브리드 자동차③ 직병렬 방식

두 가지 구동 방식을 조합한 직병렬 방식

직병렬 방식은 직렬 방식과 병렬 방식을 결합한 방식입니다. 직병렬 방식의 장점은 주행 상황에 따라 동력 전달 모드를 자동으로 전환해 엔진과 모터의 출력 특성이 좋은 부분을 각각 활용할 수 있어 연비를 향상시킬 수 있는 점입니다. 단점은 파워트레인 구조가 복잡해지고 비용이 증가하는 것입니다.

직병렬 방식은 크게 클러치를 사용하는 방식과 **동력분할기구**(PSD, Power Split Device)를 사용하는 방식(**스플릿 방식**)으로 나눌 수 있습니다(그림 2-12). 이 방식들은 클러치나 동력분할기구로 구동계에서 엔진을 분리할 수 있기 때문에, 정차 중에 엔진의 동력으로 전기를 생산해 구동 배터리를 충전하거나 주행 중에 엔진을 정지시켜 전기자동차처럼 모터만으로 구동할 수 있습니다.

토요타는 동력분할기구로 유성기어(Planetary Gear) 장치를 사용하는 스플릿 방식을 채택하고 있습니다. 이 방식에 대해서는 다음 절에서 자세히 설명하겠습니다.

파워 컨트롤 유닛에 의한 동력 전달 모드 전환

직병렬 방식에서는 **파워 컨트롤 유닛이 최적의 동력 전달 모드를 선택하고 자동으로 전환합니다**(그림 2-13). 즉, 주행 속도나 모터에 걸리는 부하, 구동 배터리 잔량 등의 정보를 입력신호로 받아, 가장 적합한 동력 전달 모드를 순간적으로 선택해서 전환하는 신호를 출력합니다.

선택할 수 있는 동력 전달 모드에는 직렬 방식을 채택하는 직렬 모드, 병렬 방식을 채택하는 병렬 모드, 그리고 어느 쪽에도 속하지 않는 과도 모드가 있습니다.

그림 2-12 직병렬 방식의 구조

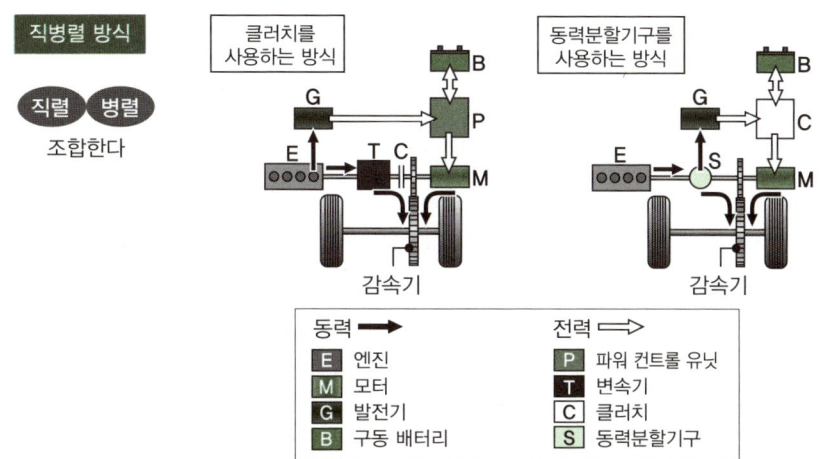

필요에 따라 직렬 방식이나 병렬 방식으로 전환할 수 있는 구조이다

그림 2-13 직병렬 방식의 모드 전환

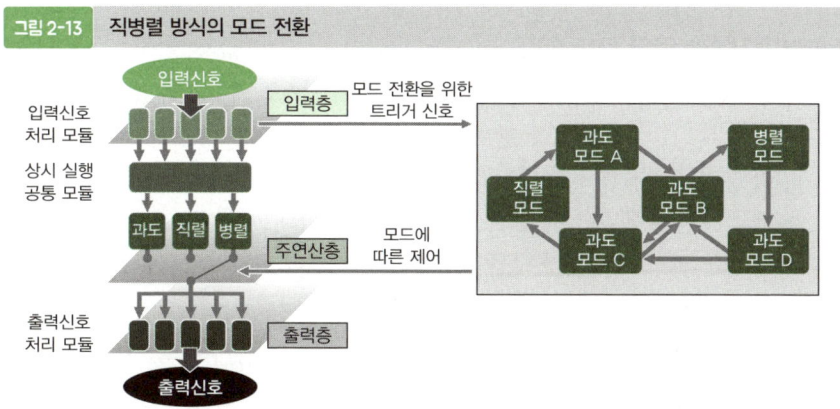

주행 속도나 주행 조건에 따라 최적의 동력 전달 모드를 선택하여 자동으로 전환한다

출처: 히로타 유키츠쿠 · 아다치 슈이치 엮음, 데구치 요시타카 · 오가사와라 사토시 공저,
"최신 전기자동차의 제어시스템"(경문사)의 그림 4-12를 참조하여 그림

> **Point**
> ✔ 직병렬 방식에는 클러치를 사용하는 방식과 동력분할기구를 사용하는 방식이 있다.
> ✔ 직병렬 방식은 조건에 따라 동력 전달 모드를 전환한다.

2-8 스플릿 방식, 유성기어장치, 동력분할기구

≫ 하이브리드 자동차④ 스플릿 방식

유성기어장치를 이용한 동력분할기구

앞 절에서 언급했듯이 토요타의 하이브리드 자동차는 직병렬 방식의 일종인 **스플릿 방식**을 채택하고 있습니다. 이는 **유성기어장치**를 이용한 **동력분할기구**를 채택한 것입니다.

유성기어장치는 **3개의 회전계를 가진 기어장치**로, 태양계의 행성이 태양 주위를 돌듯이 기어가 움직인다고 해서 붙여진 이름입니다(그림 2-14). 중앙에 있는 기어를 태양기어$^{Sun\ Gear}$, 그 주위를 도는 기어를 유성기어$^{Planetary\ Gear}$, 그리고 그 바깥쪽을 도는 기어를 인터널 링 기어$^{Internal\ Ring\ Gear}$라고 합니다. 유성기어의 회전축은 유성 캐리어에 있습니다. 여기서는 편의상 태양기어의 회전축을 (A), 유성 캐리어의 회전축을 (B), 인터널 링 기어의 회전축을 (C)라고 부르겠습니다.

동력분할기구에 의한 모드 전환

토요타의 하이브리드 자동차에서는 (A)가 발전기, (B)가 엔진, (C)가 바퀴와 모터에 연결됩니다(그림 2-15). 정차 중에 구동 배터리를 충전할 때는 (C)가 정지한 상태에서 엔진의 동력이 발전기에 전달됩니다. 모터만으로 바퀴를 구동할 때는 (B)가 정지한 상태에서 모터의 동력이 바퀴와 발전기에 전달됩니다. 엔진과 모터가 모두 바퀴를 구동할 때는 (A), (B), (C)가 모두 회전하면서, 엔진과 모터의 동력을 바퀴에 전달합니다.

이 방식의 장점은 주행 상황에 따라 여러 동력 전달 모드를 자동으로 전환함으로써, 엔진과 모터의 출력 특성이 좋은 부분을 각각 잘 활용하여 연비를 향상시킬 수 있다는 점입니다. 단점은 파워트레인의 구조가 복잡해지고 비용이 증가한다는 점입니다.

그림 2-14   동력분할기구로 사용되는 유성기어장치

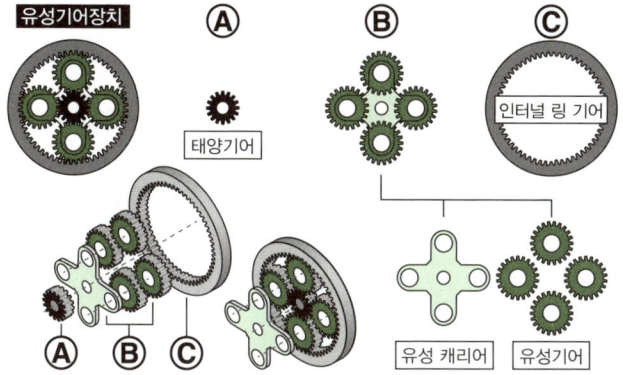

그림 2-15   스플릿 방식의 동력 전달 모드 종류

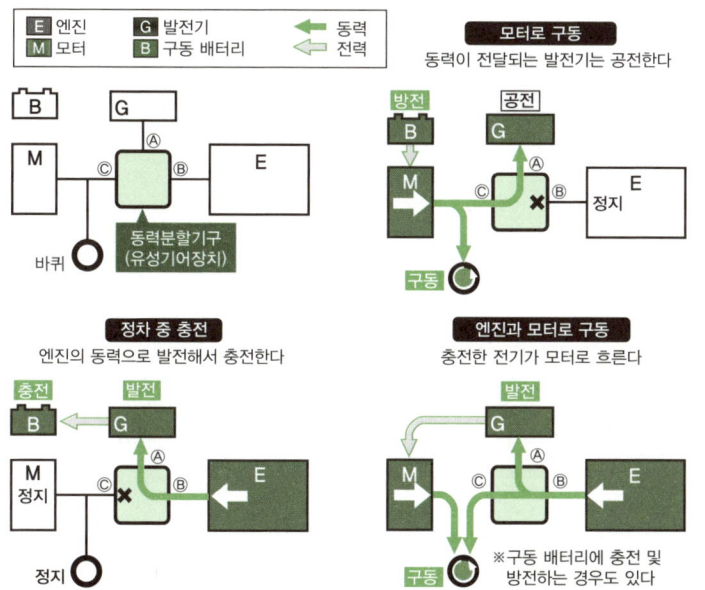

Point
- ✔ 토요타의 하이브리드 자동차는 유성기어장치를 이용한 스플릿 방식을 채택했다.
- ✔ 유성기어장치에는 3개의 회전계가 있다.

2-9 주행 거리, 차량 가격

≫ 전기자동차와 변화하는 시장 상황

구동 배터리만 전원으로 사용하는 자동차

전기자동차의 파워트레인은 하이브리드 자동차보다 **단순합니다**(그림 2-16). 기본적으로 바퀴를 구동하는 모터와 파워 컨트롤 유닛, 구동 배터리로 구성되어 있습니다. 예를 들어 닛산 리프의 경우, 모터와 파워 컨트롤 유닛은 앞쪽 보닛 부분에 있고, 구동 배터리는 차량 중앙부 바닥 아래에 있습니다.

구동 배터리에는 리튬이온전지가 사용됩니다. 리튬이온전지는 니켈-수소전지보다 가격이 비싼 반면, 대용량화가 가능하고 충전이 용이하다는 장점이 있습니다.

전기자동차의 가장 큰 단점은 일반적으로 가솔린 자동차나 하이브리드 자동차보다 **주행 거리**가 짧고, **차량 가격**이 비싸다는 점입니다. 이는 구동 배터리 용량이 작고, 배터리 가격이 비싼 것이 주된 원인입니다. 테슬라의 '모델 3'처럼 구동 배터리 용량을 늘려 500km 이상이라는 가솔린 자동차 수준의 주행 거리를 실현한 전기자동차도 있지만, 차량 가격이 5,000만원 이상으로 매우 비쌉니다.

중국과 미국의 대두

리튬이온전지를 탑재한 본격적인 전기자동차는 일본에서 탄생했습니다. 2009년에는 경차를 기반으로 한 미쓰비시의 'i-MiEV', 2010년에는 닛산의 '리프'(그림 2-17) 각각 일반에 판매되기 시작했습니다.

현재 전기자동차 시장의 상황은 크게 변화하고 있습니다. 미국의 테슬라, 중국의 BYD, 한국의 현대 등이 **전기자동차 시장에 뛰어들어 각각 판매량을 늘리고 있기 때문**입니다.

그림 2-16 닛산 리프의 파워트레인

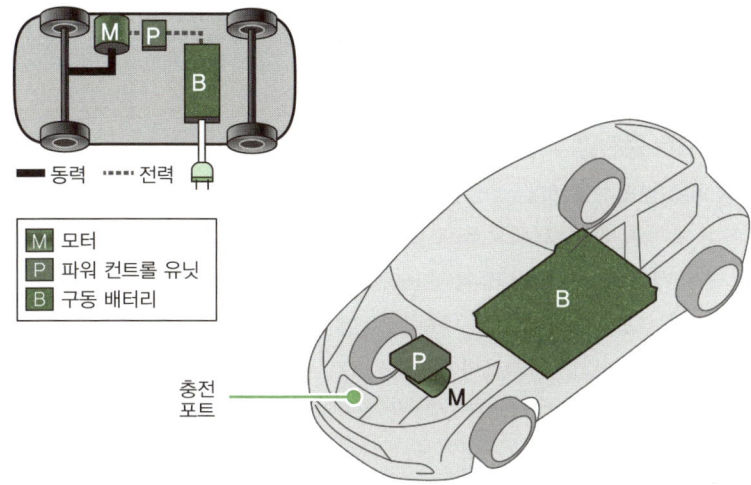

무거운 구동 배터리는 차량 거의 중앙 바닥 아래에 배치되어 있다

그림 2-17 닛산이 2010년에 판매를 시작한 리프 초기 모델

(사진제공: 닛산자동차)

Point
- ✔ 전기자동차의 파워트레인은 구조가 단순하다.
- ✔ 전기자동차는 주행 거리가 짧다는 단점 등이 있다.
- ✔ 최근 국내외 자동차 제조사에서 전기자동차 판매량을 늘리고 있다.

2-10 플러그인 하이브리드 자동차

▶ 충전할 수 있는 플러그인 하이브리드 자동차

외부 전원으로 충전할 수 있다

플러그인 하이브리드 자동차는 하이브리드 자동차를 개량한 것으로, 전기자동차처럼 충전소 등에서 **외부 전원으로 구동 배터리를 충전할 수 있는 구조**입니다(그림 2-18). 구동 배터리에는 하이브리드 자동차보다 용량이 큰 배터리가 채용됐습니다.

플러그인 하이브리드 자동차에도 장단점이 있습니다. 장점은 내연기관과 연료 탱크를 탑재하고 있어 **전기자동차보다 주행 거리가 길다**는 점입니다. 또한 구동 배터리를 미리 충전하고 연료 탱크를 가득 채워 두면 하이브리드 자동차보다 더 긴 거리를 연속으로 주행할 수 있습니다.

단점은 하이브리드 자동차나 전기자동차보다 **구조가 복잡해 차량 가격이 비싸다**는 점입니다.

대표적인 플러그인 하이브리드 차량

일본 자동차 제조사에서 개발한 대표적인 플러그인 하이브리드 자동차로는 토요타의 '프리우스 PHV'(그림 2-19)와 미쓰비시의 '아웃랜더 PHEV'(그림 2-20)가 있습니다. 이들은 각각 하이브리드 시스템 구조가 다른데, 프리우스 PHV는 스플릿 방식, 아웃랜더 PHEV는 직렬 방식을 채용했습니다.

아웃랜더 PHEV는 가까운 거리라면 엔진을 거의 가동하지 않고 전기자동차로서 주행할 수 있기 때문에 '가솔린 발전기를 탑재한 전기자동차'라고도 표현할 수 있습니다. 하지만 모터에 큰 부하가 걸리거나 구동 배터리의 잔량이 적어지면, 자동으로 엔진에 시동이 걸려 발전을 시작하며, 모터와 구동 배터리에 전력을 공급합니다.

그림 2-18 플러그인 하이브리드 자동차의 파워트레인

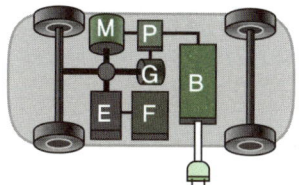 

PHV 스플릿 방식   PHV 직렬 방식

- M 모터
- E 엔진
- G 발전기
- P 파워 컨트롤 유닛
- B 구동 배터리
- F 연료 탱크
- 외부전원

그림 2-19 토요타가 2012년에 판매를 시작한 '프리우스 PHV' 초기 모델

동력 전달은 스플릿 방식
(사진제공: 토요타자동차)

그림 2-20 미쓰비시가 2013년에 판매를 시작한 '아웃랜더 PHEV' 초기 모델

동력 전달은 직렬 방식
(사진제공: 미쓰비시자동차)

Point
- ✔ 플러그인 하이브리드 자동차는 외부 전원으로 충전할 수 있다.
- ✔ 플러그인 하이브리드 자동차는 전기자동차보다 주행 거리가 길다.
- ✔ 플러그인 하이브리드 자동차는 구조가 복잡하고 차량 가격이 비싸다.

2-10 충전할 수 있는 플러그인 하이브리드 자동차

2-11 연료전지, 수소, ZEV, 희소금속, 자원 수급 불안정, 수소충전소

≫ 수소로 달리는 연료전지 자동차

연료전지는 발전 장치

연료전지 자동차는 **연료전지**를 탑재한 전기자동차입니다. 연료전지란 연료를 소비해 전기를 생산하는 발전 장치입니다. 이렇게 생산된 전기는 파워 컨트롤 유닛을 거쳐 모터나 구동 배터리로 전달되며, 바퀴를 구동하거나 충전하는 데 사용됩니다(그림 2-21).

현재 양산되는 연료전지 자동차의 연료는 **수소**입니다. 연료전지는 고압 수소 탱크에 저장된 수소를 공기 중의 산소와 전기화학반응을 시켜 전기를 만들어 냅니다. 이 반응에서 생성되는 것은 환경에 무해한 물입니다.

수소충전소가 없으면 달릴 수 없다

연료전지 자동차의 장점은 전기자동차와 마찬가지로 주행 중에 환경에 유해한 물질을 배출하지 않고, 큰 소음을 내지 않는다는 점입니다. 이 때문에 앞서 설명한 전기자동차와 함께 **ZEV**(Zero Emission Vehicle: 무공해차)로 분류됩니다. 또한, 일반적으로 **전기자동차보다 주행 거리가 길다**는 것도 큰 특징입니다.

단점으로는 연료전지나 구동 배터리 내부에 있는 촉매와 전극에 백금이나 코발트 같은 **희소금속**이 사용되기 때문에, 차량 가격이 상승하고 재료 수입과 관련된 **자원 수급이 불안정**할 수 있다는 점, 그리고 **수소충전소**가 적으면 **수소를 충전할 기회가 줄어들어 불편을 겪게 된다**는 점을 들 수 있습니다.

연료전지 자동차는 이미 양산차로서 일반 판매가 되고 있습니다. 승용차는 물론, 버스나 트럭 같은 대형차로도 사용되고 있습니다. 그 대표적인 예로는 토요타가 개발한 승용차 '미라이'(그림 2-22)와 버스 '소라'(그림 2-23)가 있습니다. 국내에서 개발한 수소차로는 현대의 '넥쏘'와 '일렉시티 수소전기버스'가 있습니다.

그림 2-21 '미라이' 초기 모델의 파워트레인

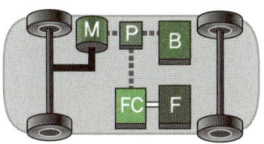
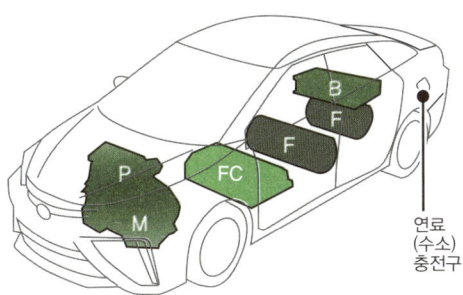

- ■ 동력 ┅ 전력 ☐ 수소

- M 모터
- P 파워 컨트롤 유닛
- B 구동 배터리
- F 고압 수소 탱크
- FC FC 스택(연료전지)

연료(수소) 충전구

그림 2-22 토요타가 개발한 '미라이' 초기 모델

세계 최초의 양산형 연료전지 자동차로 2014년에 판매가 시작됐다
(MEGA WEB에서 저자 촬영)

그림 2-23 토요타가 개발한 연료전지 버스 '소라'

(사진제공: 토요타자동차)

> **Point**
> ✔ 연료전지 자동차는 연료전지를 탑재한 전기자동차이다.
> ✔ 연료전지 자동차는 전기자동차보다 주행 거리가 길다.
> ✔ 수소충전소가 적은 지역에서는 불편을 감수해야 한다.

2-11 수소로 달리는 연료전지 자동차

> **해보자** ● **전기자동차의 보닛을 열어 보자**

파워트레인 구조의 차이는 자동차 앞부분의 보닛을 열면 알 수 있습니다. 가솔린 자동차는 거의 중앙에 엔진이 있고, 그 앞부분에 엔진을 식히기 위한 큰 라디에이터가 있습니다. 전기자동차에도 기기 냉각을 위한 라디에이터가 있지만, 가솔린 자동차만큼 크진 않습니다.

예를 들어 닛산 리프의 경우, 거의 중앙에 파워 컨트롤 유닛이 있고 오른쪽에 보조 배터리가 배치되어 있습니다. 바퀴에 동력을 전달하는 모터는 파워 컨트롤 유닛 바로 아래에 있습니다. 라디에이터는 커버로 덮여 있어 보이지 않습니다.

덧붙여, 전기자동차에는 큰 전류가 흐르는 부품이 있으므로 감전사고를 예방하기 위해 보닛 내부 장치를 함부로 만지지 않도록 조심하세요.

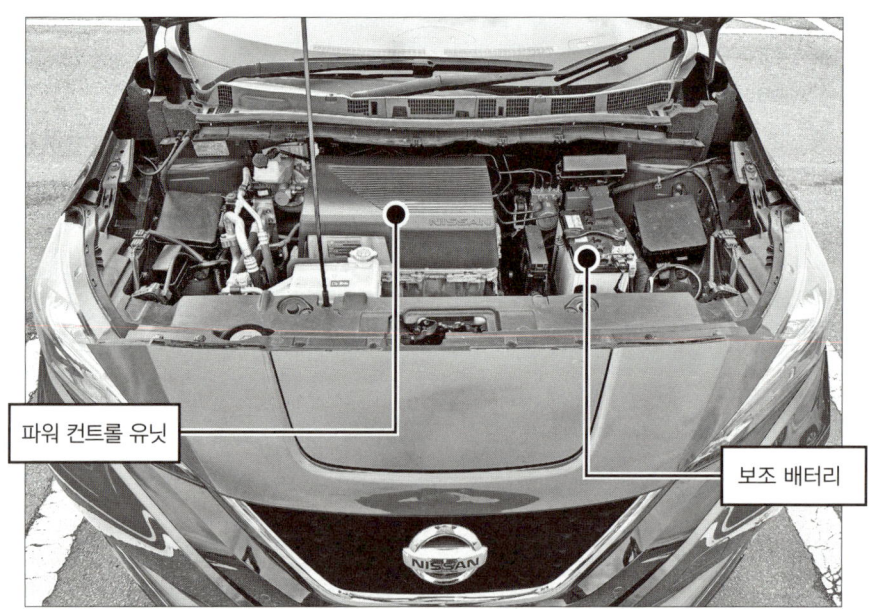

닛산 2세대 리프의 보닛 내부. 파워 컨트롤 유닛과 보조기기용 배터리가 보인다

Chapter

3

전기자동차의 역사

세 번의 대유행을 거쳐
비약적으로 발전한 전기자동차

Electric Vehicle

3-1 모터, 배터리, 가솔린 엔진

》 가솔린 자동차보다 오래된 역사

엔진이 없는 전기자동차

전기자동차는 가솔린 자동차보다 먼저 개발됐습니다. 최근에서야 주목받기 시작했기 때문에 '새로운 유형의 자동차'라는 이미지가 있지만, 사실 가솔린 자동차보다도 먼저 등장했습니다. 세계 최초의 본격적인 가솔린 자동차는 1885년 독일의 카를 벤츠$^{Karl\ Benz}$가 개발한 3륜 승용차(그림 3-1)로 알려져 있는데, 전기자동차는 그보다 빠른 1870년대부터 영국에 존재했습니다.

전기자동차는 가솔린 자동차보다 더 개발하기가 편했습니다. 초기 전기자동차에 사용된 **모터**(직류 모터)와 **배터리**(납축전지)는 **가솔린 엔진**보다 먼저 실용화되어 있었기 때문입니다.

세 번의 전기자동차 붐

전기자동차와 가솔린 자동차는 역사적으로 볼 때 흥미로운 관계가 있습니다. 전기자동차는 가솔린 자동차가 발전함에 따라 쇠퇴했으나, **가솔린 자동차가 환경에 미치는 영향이 문제로 대두될 때마다 부활하는 역사**를 반복해 왔습니다.

세계적으로 전기자동차가 주목받은 시기는 크게 세 번 있었습니다(그림 3-2). 이 책에서는 편의상 각각 '1차 붐', '2차 붐', '3차 붐'이라 칭하겠습니다. 1차 붐은 초기 전기자동차 개발이 본격화된 1880년대부터 가솔린 자동차가 발달한 1910년대까지입니다. 2차 붐은 3-4에서 설명할 ZEV 규제가 생기고 나서 약 20년 정도입니다. 3차 붐은 2010년경 리튬이온전지를 탑재한 전기자동차가 양산되기 시작하면서부터 현재까지를 가리킵니다.

그림 3-1 1885년에 칼 벤츠가 개발한 3륜 승용차

세계 최초의 본격적인 가솔린 자동차라고 할 수 있다
(베를린에 있는 독일기술박물관에서 저자 촬영)

그림 3-2 전기자동차의 역사

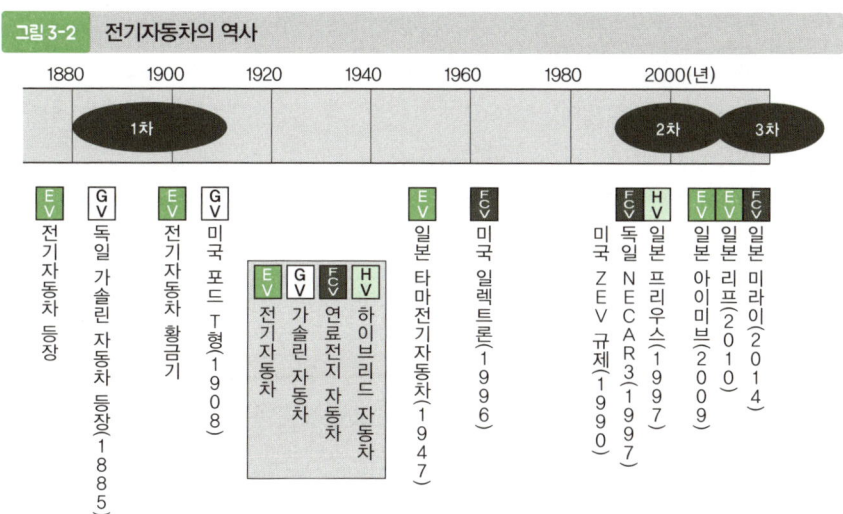

전 세계적으로 세 차례의 전기자동차 붐이 있었다

Point
- ✔ 전기자동차는 가솔린 자동차보다 먼저 개발됐다.
- ✔ 전기자동차는 가솔린 자동차가 문제시될 때마다 주목받았다.
- ✔ 전 세계적으로 세 번의 전기자동차 붐이 있었다.

3-1 가솔린 자동차보다 오래된 역사 63

3-2 인휠 모터, 직렬 방식

›› 전기자동차의 1차 붐

도시에서 늘어난 전기자동차

가장 먼저 소개할 전기자동차의 '1차 붐'은 직류 모터와 납축전지를 탑재한 초기 전기자동차가 발달한 시기입니다. **당시에는 가솔린 자동차의 기술이 미숙**했기 때문에 전기자동차는 그때까지 존재했던 증기자동차(증기기관의 힘으로 구동하는 자동차)를 대체할 존재로서 기대를 모았습니다.

1880년대에는 영국, 프랑스, 독일에서 전기자동차를 개발해 판매하기 시작했고, 도시를 중심으로 보유 대수가 증가했습니다. 1889년에는 영국 런던에서 전기버스가 운행되기 시작했습니다.

20세기 초 실존했던 하이브리드 자동차

1898년 오스트리아의 페르디난트 포르쉐$^{Ferdinand\ Porsche}$는 전기자동차 P1을 공개했습니다. P1의 외관은 아직 마차와 비슷했습니다.

1899년에는 벨기에 출신의 레이서이자 엔지니어인 카미유 제나치$^{Camille\ Jenatzy}$가 라 자메 콩탕트$^{La\ Jamais\ Contente}$라고 불리는 전기자동차를 개발했습니다(그림 3-3). 이 차는 유선형 바디를 채용하여 시험 주행에서 105.9km/h를 기록하며, **자동차 역사상 최초로 시속 100km를 돌파했습니다**.

1900년에는 조금 전에 소개한 포르쉐가 '로너 포르쉐 믹스테$^{Lohner-Porsche\ Mixte}$'를 공개했는데, 이 차는 **인휠 모터**(바퀴에 내장된 모터)로 구동하는 획기적인 승용차였습니다(그림 3-4). 로너 포르쉐 믹스테는 가솔린 발전기를 탑재하여 주행 거리를 늘렸고, 모터와 내연 기관을 결합해 구동하는 **직렬 방식**의 하이브리드 자동차였습니다.

한편 미국에서는 1890년대부터 1910년대까지 전기자동차는 조작이 간편하다는 점에서 주목받으며 대량 생산됐습니다. 이 시기가 미국 전기자동차의 황금기라고 할 수 있습니다.

전기자동차는 미국의 도시 지역을 중심으로 사용됐고, 주요 도시에서는 택시용 승용차로 대량 투입됐습니다.

그림 3-3 카미유 제나치가 개발한 '라 자메 콩탕트'

세계 최초로 100km/h를 넘은 자동차이다
(사진: La Vie au Grand Air, Public domain, via Wikimedia Commons)

그림 3-4 페르디난트 포르쉐가 개발한 '로너 포르쉐 믹스테'

인휠 모터를 도입한 획기적인 전기자동차
(사진: Peter Trimming from Croydon, England, CC BY 2.0
⟨https://creativecommons.org/licenses/by/2.0⟩, via Wikimedia Commons)

Point
- ✔ 전기자동차는 가솔린 자동차 기술이 미숙하던 시절에 발전했다.
- ✔ 100km/h를 최초로 돌파한 자동차는 전기자동차이다.
- ✔ 1900년에는 직렬 방식의 하이브리드 자동차도 개발됐다.

3-3 스핀들톱, 포드 T형

》 석유 혁명과 자동차의 대중화

서민들의 동경의 대상이었던 자동차

전기자동차와 함께 가솔린 자동차의 개발도 병행됐지만, 보유 대수는 좀처럼 늘지 않았습니다. **당시 가솔린 자동차는 차량 가격이 비싼 데다 연료(가솔린) 가격도 비싸, 서민들에게는 그림의 떡이었습니다.**

하지만 20세기 초, 이 상황을 뒤바꿔 놓는 두 가지 사건이 일어났습니다. **연료와 승용차 가격이 모두 하락한 것입니다.**

거대 유전 발견과 연료 가격 하락

연료 가격 하락은 거대 유전 발견으로 인해 석유 시대가 도래하면서 시작됐습니다. 1901년 미국 텍사스주 **스핀들톱**에 건설된 유정에서 대량의 원유가 분출되면서 미국의 원유 생산량이 급증했습니다(그림 3-5).

이를 계기로 세계는 목재나 석탄을 연료로 사용하던 시대에서 석유를 연료로 사용하는 시대로 전환했을 뿐만 아니라, 자동차의 연료인 가솔린을 쉽게 구할 수 있게 됐습니다.

포드 T형과 승용차의 대중화

승용차 가격 하락은 생산 과정 개선을 통해 실현됐습니다. 미국 자동차 제조사인 포드는 컨베이어 벨트를 이용한 연속 흐름 생산 시스템을 도입했습니다. 이로써 대량 생산이 가능해졌고, 1908년부터 저렴한 가솔린 자동차 '**포드 T형**'을 판매하기 시작했습니다(그림 3-6). 이 자동차는 1927년까지 1,500만 대가 생산됐고 마차를 대신하는 대중적인 승용차로 널리 보급됐습니다.

위 두 가지 사건으로 인해 **가솔린 자동차는 대중의 발로 정착**하게 됐고, 유럽과 미국에서의 전기자동차 개발 붐은 끝났습니다.

그림 3-5 스핀들톱에 건설된 유정

대규모 유전이 발견됨으로써 산유량이 증대되어 전 세계가 석유 시대로 돌입했다

그림 3-6 미국의 가솔린 자동차 '포드 T형'

자동차가 대중화되는 계기가 된 것으로 알려졌다
(토요타 박물관에서 저자 촬영)

Point
- ✔ 초기의 가솔린 자동차는 가격이 비싸서 서민들에게는 그림의 떡이었다.
- ✔ 20세기 초에 연료와 승용차 가격이 크게 하락했다.
- ✔ 이 하락을 계기로 가솔린 자동차가 대중화됐다.

3-4 ZEV 규제, ZEV, 대기오염

≫ 전기자동차의 2차 붐

캘리포니아주의 엄격한 자동차 규제

두 번째 붐은 **ZEV 규제** 정책에서 시작됐습니다. ZEV 규제란 1990년 미국 캘리포니아주에서 제정된 법으로, 가솔린 자동차를 줄이기 위해 자동차 제조사들의 판매 대수에서 일정 비율을 **ZEV**(Zero Emission Vehicle: 무공해차)로 생산할 것을 의무화했습니다(그림 3-7). ZEV에는 전기자동차뿐만 아니라 연료전지 자동차도 포함됩니다.

이 규제는 캘리포니아주의 **대기오염** 문제가 심각해진 상황을 배경으로 제정됐습니다. 당시 캘리포니아주에서는 대기오염으로 인한 건강 피해가 보고됐으며, 가솔린 자동차의 배기가스가 그 원인 중 하나로 지목됐습니다.

ZEV 규제 제정은 ZEV 개발에 속도가 붙는 큰 계기가 됐습니다(그림 3-8). 그러나 당시에는 니켈-수소전지나 리튬이온전지와 같은 용량이 큰 이차전지가 이제 막 양산화된 상태로, 이를 전기자동차에 탑재하는 것은 기술적으로 아직 어려운 상황이었습니다.

자동차 업계와 석유 업계의 반발

한편으로 ZEV가 보급되면 자동차 업계는 가솔린 자동차에 투자한 개발비 회수가 어려워지고, 석유 업계는 석유 연료 판매량이 줄어들기 때문에, **미국 자동차 업계와 석유 업계는 ZEV 규제 제정에 강하게 반발**했습니다.

이 때문에 미국의 제너럴 모터스(GM)가 개발한 전기자동차 'EV1'은 1996년부터 리스 판매됐음에도 불구하고 자동차 업계와 석유 업계의 반발에 부딪혀 나중에 전량 회수되고 맙니다.

이를 계기로 캘리포니아주는 ZEV 규제를 재검토하게 됐고, 미국 내 전기자동차 개발도 시들해졌습니다.

그림 3-7 ZEV 규제 타임 테이블

연도	ZEV 원안 규정
1998	2%
1999	2%
2000	2%
2001	5%
2002	5%
2003	10%

ZEV는 미국에서 판매되는 차량 중 일정 비율을 배출가스가 전혀 없는 차량(ZEV)으로 채우도록 의무화한 강력한 규제였다

그림 3-8 ZEV 규제에 대응한 차세대 자동차

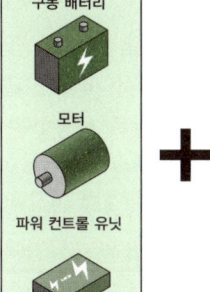

공통요소
- 구동 배터리
- 모터
- 파워 컨트롤 유닛

+

	자동차의 종류
충전	전기자동차
엔진	하이브리드 자동차
엔진 + 충전	플러그인 하이브리드 자동차
연료전지 + 수소탱크	연료전지 자동차

출처: 자원에너지청 "전기자동차(EV)만이 아니다? 'xEV'로 자동차의 새로운 시대를 생각하다"를 바탕으로 작성(URL: https://www.enecho.meti.go.jp/about/special/johoteikyo/xev.html)

Point
- ✔ 대기오염의 심각성을 계기로 캘리포니아주에서 ZEV 규제를 제정했다.
- ✔ ZEV 규제는 ZEV 개발이 가속화되는 요인이 됐다.
- ✔ 미국 자동차 업계와 석유 업계는 ZEV 규제 제정에 강하게 반발했다.

3-5 고체 고분자형 연료전지, 메탄올 개질형 연료전지

≫ 연료전지 자동차 개발

개발을 선행한 미국

다음으로 전기자동차와 함께 ZEV로 기대를 모았던 연료전지 자동차의 역사를 살펴보겠습니다.

연료전지 자동차 개발은 ZEV 규제가 시작되기 전부터 미국에서 개발이 진행되고 있었습니다. 예를 들어 미국의 GM은 **1966년 세계 최초로 일반 도로를 달릴 수 있는 연료전지 자동차 '쉐보레 일렉트로밴'을 개발했습니다**(그림 3-9). 그러나 일렉트로밴Electrovan은 차내에 탑재하는 장비가 많았고, 고비용 저성능으로 연료전지 자동차의 우위를 보여 주지 못했기 때문에, GM의 연료전지 자동차 개발은 한풀 꺾이게 됐습니다.

실용적인 승용차를 개발한 독일

미국에 이어 연료전지 자동차를 개발한 나라는 독일이었습니다. 독일의 자동차 제조사인 다임러-벤츠(현재 메르세데스-벤츠 그룹)는 캐나다에서 개발된 고성능 **고체 고분자형 연료전지**(이온 전도성을 가진 고분자막을 전해질로 사용하는 연료전지)를 응용한 연료전지 자동차 'NECAR 1'을 1994년에 발표했습니다. 그 후, 개량을 거듭하여 NECAR 1보다 더 작은 승용차 'NECAR 3'를 1997년에 발표했습니다. NECAR 3는 세계 최초로 **메탄올 개질형 연료전지**(연료인 메탄올을 개질기에 통과시켜 수소를 얻는 연료전지)를 탑재한 연료전지 자동차로, 최고 속도 120km/h, 주행 거리 400km의 실용적인 승용차였습니다(그림 3-10).

다임러-벤츠는 NECAR 3를 발표한 후 "**연료전지 자동차를 2004년에 4만 대, 2007년에 10만 대 생산할 것**"이라고 발표해 전 세계 자동차 관계자들을 놀라게 했습니다. 당시 ZEV 규제가 제정된 후였고, 전기자동차와 함께 ZEV로 분류되는 연료전지 자동차에 대한 수요도 커졌기 때문입니다. **이를 계기로 미국, 독일, 일본에서 연료전지 자동차 개발이 본격화**됐습니다.

그림 3-9 GM이 개발한 연료전지 자동차 '쉐보레 일렉트로밴'

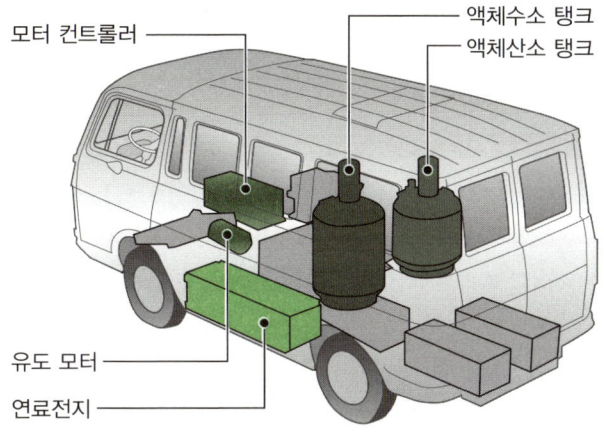

차내에 탑재한 장비가 많아서 좌석은 2개밖에 없었다

그림 3-10 다임러-벤츠가 발표한 연료전지 자동차 'NECAR 3'

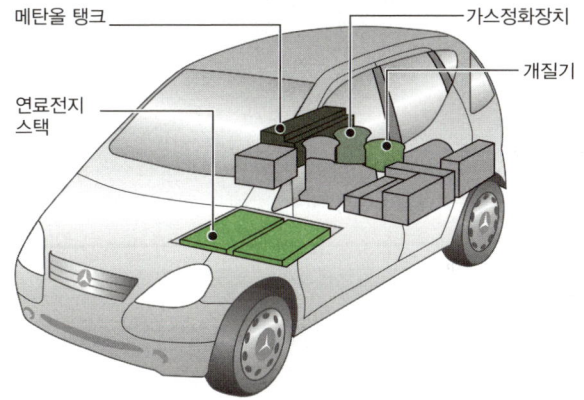

NECAR 3를 공개한 후, 양산 계획을 발표해 세계를 놀라게 했다

Point
- ✔ 미국은 1960년대에 연료전지 자동차 개발에 착수했다.
- ✔ 독일은 2004년에 연료전지 자동차 양산 계획을 발표했다.
- ✔ 이후 미국, 독일, 일본에서 연료전지 자동차 개발 속도를 높였다.

3-6 하이브리드 자동차

≫ 하이브리드 자동차 양산화

하이브리드 자동차의 등장

2차 붐에서는 전동자동차의 발전을 크게 앞당기는 임팩트 있는 사건이 있었습니다. 바로 엔진과 모터를 모두 사용해서 구동하는 **하이브리드 자동차**가 등장한 것입니다.

일본의 토요타는 해외에서 구축된 ZEV 기술을 바탕으로 새로운 유형의 승용차 '프리우스^{Prius}'를 개발해 1997년부터 일반 판매에 들어갔습니다(그림 3-11). **프리우스는 양산형 승용차로는 세계 최초의 하이브리드 자동차였습니다.**

프리우스의 큰 특징은 회생 브레이크의 도입으로 에너지 효율을 높여, 기존 가솔린 자동차보다 연비가 좋고, CO_2 등 환경에 부담을 주는 물질의 배출량이 적다는 점입니다.

프리우스는 배기가스를 배출하는 엔진을 탑재하고 있기 때문에 완전한 ZEV는 아니었고, 차량 가격도 가솔린 자동차보다 비싼 편이었습니다. 하지만 앞서 언급한 캘리포니아주에서 ZEV와 동일하게 취급하며 보조금을 지급하자, 구매 시 경제적 부담이 줄어 판매량이 많이 늘어났습니다.

전동자동차의 기초를 쌓다

하이브리드 자동차가 양산화에 이르게 된 배경에는 배터리의 대용량화뿐만 아니라, 전철이나 가전제품을 통해 축적된 교류 모터 제어 기술의 발달과 에너지 재활용을 가능케 하는 회생 브레이크의 실용화가 있었습니다.

또한, **이러한 기술의 확립은 전동자동차의 발달로 이어지는 중요한 기반이 됐습니다.** 하이브리드 자동차는 외부 전원과 연결할 수 있게 하면 플러그인 하이브리드 자동차가 되고, 엔진을 제거하면 전기자동차가 되며, 거기에 연료전지를 추가하면 연료전지 자동차가 될 수 있기 때문입니다(그림 3-12).

| 그림 3-11 | 토요타가 개발한 '프리우스 1세대' |

세계 최초로 일반 판매된 양산형 하이브리드 승용차로
전동자동차 개발 속도를 높이는 계기가 됐다

〈자동차기술전 〈2016년 5월〉 행사장에서 저자 촬영〉

| 그림 3-12 | 하이브리드 자동차에서 파생한 전동자동차(토요타의 경우) |

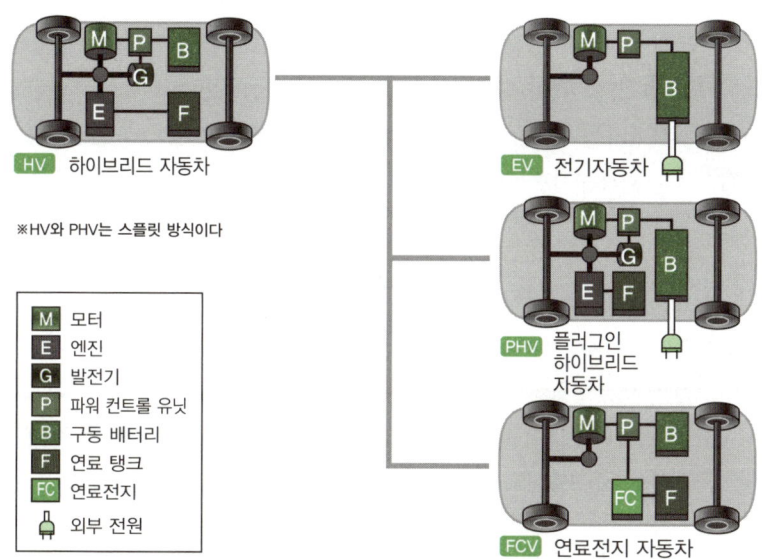

※HV와 PHV는 스플릿 방식이다

- M 모터
- E 엔진
- G 발전기
- P 파워 컨트롤 유닛
- B 구동 배터리
- F 연료 탱크
- FC 연료전지
- 외부 전원

하이브리드 자동차에서 축적된 기술은 전기자동차,
플러그인 하이브리드 자동차, 연료전지 자동차에 적용할 수 있다

Point
- ✔ 양산형 하이브리드 승용차는 일본에서 탄생했다.
- ✔ 토요타의 '프리우스'는 세계 최초의 양산형 하이브리드 승용차다.
- ✔ 양산형 하이브리드 승용차의 등장으로 전동자동차의 개발이 가속화됐다.

3-7 리튬이온전지, 플러그인 하이브리드 자동차, 연료전지 자동차

≫ 전기자동차의 3차 대유행

대용량 배터리를 탑재한 전기자동차의 등장

3차 붐은 대용량 **리튬이온전지**를 탑재한 **본격적인 전기자동차가 등장**하면서 시작되어 현재까지 이어지고 있습니다.

양산형 전기자동차의 효시가 된 것은 2009년에 일반 판매를 시작한 미쓰비시의 '아이미브$^{I-Miev}$'(그림 3-13)와 2010년에 일반 판매를 시작한 닛산의 '리프^{Leaf}'(그림 3-14)였습니다. 이들은 대용량 리튬이온전지를 탑재한 양산형 승용차로, 회생 브레이크를 도입함으로써 에너지 효율을 높여 기존 전기자동차보다 주행 거리가 길다는 특징이 있었습니다.

자동차 규제와 탈탄소 사회

3차 붐에서는 전기자동차뿐만 아니라 **플러그인 하이브리드 자동차**와 **연료전지 자동차**가 **본격적으로 판매되기 시작했습니다**. 이들은 전기자동차에 외부 전원과 연결하는 장치나 연료전지를 추가해서 주행 거리를 늘린 자동차입니다.

연료전지 자동차의 개발은 일본보다 미국이나 독일이 먼저 시작했지만, 세계 최초로 양산형 승용차로 일반 판매한 것은 일본의 토요타가 최초입니다. 토요타는 2014년에 연료전지 승용차 '미라이^{Mirai}'의 일반 판매를 시작했습니다(그림 3-15).

이렇게 양산형 전동자동차가 쏟아져 나오게 된 데에는 두 가지 요인이 있었습니다. 하나는 미국 캘리포니아주의 **새로운 자동차 규제**입니다. 캘리포니아주는 2011년에 2018년식 모델부터 하이브리드 자동차를 환경대책차에서 제외한다고 발표했습니다. 다른 하나는 다음 절에서 설명하겠지만, 탈탄소 사회 실현이 전 세계적인 목표가 되면서 오랫동안 화석연료에 의존해 온 자동차의 전동화에 의한 **탈탄소화**가 시급한 과제가 됐습니다.

그림 3-13 미쓰비시가 개발한 전기자동차 '아이미브(1세대)'

세계 최초 양산형 전기자동차로 일반 판매된 승용차
(토요타 박물관에서 저자 촬영)

그림 3-14 일본이 개발한 전기자동차 '리프(1세대)'

본격적인 승용차로서 판매 대수를 늘리며 유럽에서도 많이 판매됐다

그림 3-15 토요타가 개발한 연료전지 자동차 '미라이(1세대)'

세계 최초로 승용차로서 일반 판매된 본격적인 연료전지 자동차. 정확히는 구동용 배터리를 탑재한 연료전지 하이브리드 자동차이다
(MEGA WEB에서 저자 촬영)

> **Point**
> ✔ 3차 붐은 본격적인 전기자동차 판매와 함께 시작됐다.
> ✔ 연료전지 자동차와 하이브리드 자동차가 양산되기 시작했다.
> ✔ 자동차 규제와 탈탄소화가 전동자동차 개발에 박차를 가했다.

3-8 파리 협정, SDGs, 탄소중립

≫ 환경 문제에 높아지는 관심

환경에 대한 전 세계적 노력

2015년 이후 세계 많은 국가들이 **파리 협정**과 **SDGs**에서 정한 목표 달성 및 **탄소중립** 실현을 목표로 하고 있습니다(그림 3-16). 이는 환경 문제에 대해 관심이 높아진 것을 반영한 것이며, 지구온난화 방지뿐만 아니라 지속가능한 사회와 탈탄소화를 실현하기 위해 많은 국가와 지역이 움직이기 시작하는 커다란 계기가 됐습니다.

과감한 자동차 규제

이러한 움직임에 따라, **가솔린 자동차 등 배기가스를 배출하는 자동차가 점점 더 문제시되기 시작했습니다**. 이러한 내연기관 자동차는 주행 중에 CO_2 등의 온실가스를 배출하여 탈탄소화를 실현하는 데 장애물이 되었습니다.

그래서 일부 지역에서는 과감한 자동차 판매 규제를 도입했습니다. 예를 들어, 유럽연합^{EU}은 위에서 언급한 파리 협정을 계기로 CO_2를 배출하는 자동차 판매 규제를 강화하고, 2021년에는 2035년 이후 가솔린 자동차 등 내연기관 자동차의 신차 판매를 사실상 금지하는 규제안을 발표했습니다.

자동차의 전동화 필요성

점점 압박해 오는 자동차 판매 규제로 인해 전 세계 자동차 제조사들은 자동차 전동화를 추진해야 할 필요성에 직면하게 됐고 전기자동차 개발에 집중했습니다. 그 결과 유럽과 중국을 중심으로 많은 전기자동차가 판매됐습니다. 2023년 전 세계의 전기자동차 판매 대수는 약 1천만 대이고, 누적 판매 대수는 2천8백만 대입니다(그림 3-17).

그림 3-16   탈탄소 사회를 향한 국제적인 대응

	채택연도	목표
파리 협정	2016년	전 세계 평균 기온 상승을 산업혁명 이전 대비 2℃보다 충분히 낮게 유지하고 1.5℃로 제한하기 위해 노력한다.
SDGs (지속가능발전목표)	2015년	지속 가능한 더 나은 사회를 위해 17개 주요 목표를 2030년까지 달성한다.
탄소중립		이산화탄소(CO_2) 배출량과 흡수량의 균형을 맞춰 전체 배출량을 사실상 제로로 만든다.

자동차 업계가 자동차 전동화를 추진하는 계기가 됐다

그림 3-17   전 세계 전기자동차 누적 판매 추이

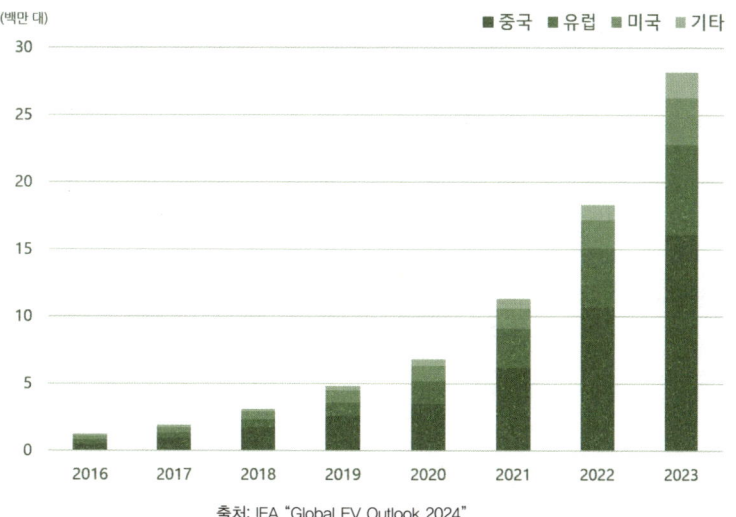

출처: IEA "Global EV Outlook 2024"

Point
- ✓ 환경 문제에 대한 관심이 높아지면서 자동차 배기가스가 문제시됐다.
- ✓ 자동차 제조사들은 자동차를 전동화해야 할 필요성이 대두됐다.
- ✓ 전 세계 전기자동차 판매량은 2016년부터 빠르게 증가했다.

3-8 환경 문제에 높아지는 관심

3-9 국가 전략

» 계속 늘어나는 전기자동차

떠오르는 중국 제조사

2024년 기준으로 전기자동차 판매량을 눈에 띄게 늘리고 있는 나라는 중국입니다. 중국은 **국가 전략**으로 **전기자동차 증산을 추진하고 있습니다**. 국내 연간 판매량을 2016년부터 2024년까지 8년간 17배 이상 늘렸으며, 다른 나라에도 많은 전기자동차를 수출하고 있습니다. 한국에서도 이미 여러 버스 사업자가 중국 BYD사로부터 구입한 전기버스를 노선에 투입하여 운행하고 있습니다(그림 3-18).

중국이 전기자동차 분야에서 급성장한 배경으로는 국가의 전기자동차 보급 추진뿐만 아니라 전기자동차 가격의 하락과 보조금 제도 확립, 그리고 충실한 충전 인프라를 들 수 있습니다.

또한 전기자동차는 개발 기간이 오래 걸리는 엔진을 사용하지 않으므로, 내연기관 자동차보다 진입 장벽이 낮은 것도 관련이 있다고 할 수 있습니다.

한국의 전기자동차 판매 현황

2024년 한국의 신규 등록 차량 중 친환경 자동차는 약 40%를 차지했으며, 이 중 하이브리드 자동차는 약 50만 대, 전기자동차는 약 14만 7천 대가 등록되어 하이브리드 자동차가 전기자동차보다 훨씬 많은 비중을 차지했습니다. 2024년 전기자동차 신규 등록대수는 146,947대로, 2023년의 162,625대에 비해 약 9.6% 감소한 수치입니다(그림 3-19).

국내 전기자동차 시장의 위축 배경으로는 구매 보조금의 축소 또는 폐지, 충전 인프라의 부족 및 고장 문제, 배터리 안전성에 대한 우려 등이 꼽힙니다. 전기자동차 보급을 확대하려면, 시장이 안정화될 때까지 보조금 유지, 충전 인프라 확충, 서비스 품질 개선 등 소비자가 체감할 수 있는 정책적 보완이 필요할 것으로 보입니다.

그림 3-18 한국에서 운행되는 BYD사의 EV 버스

중국 자동차 제조사는 이미 한국의 여러 버스 사업자에게
전기버스를 수출하고 있다

출처: https://blog.naver.com/asq46

그림 3-19 국내 전기자동차의 판매 추이

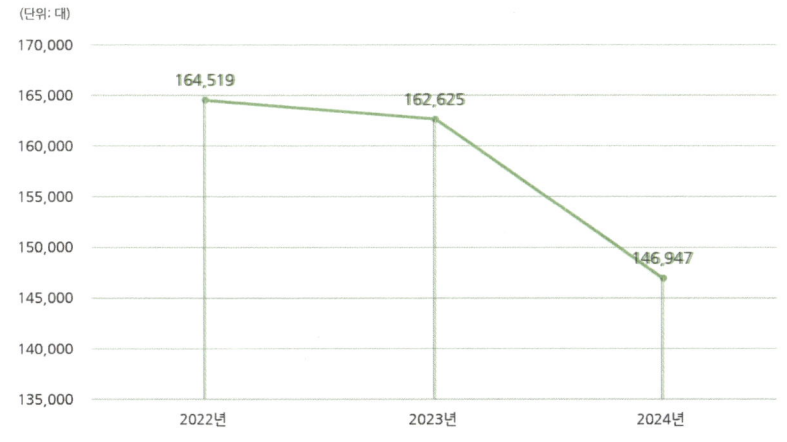

출처: 국토교통부, 2024년 신규등록 현황분석을 바탕으로 작성

Point
- ✔ 중국은 국가 전략으로 전기자동차 증산을 추진하고 있다.
- ✔ 한국은 중국이나 유럽에 비해 전기자동차 판매 증가율이 낮아지고 있다.

3-9 계속 늘어나는 전기자동차

| 해보자 | ● 중국과 유럽에서 전기자동차 판매량이 늘어나는 이유를 생각해 보자 ●

3-8에서 언급했듯이 최근에는 전 세계적으로 전기자동차 판매 대수가 계속 증가하고 있으며, 특히 중국과 유럽에서 그 움직임이 빨라지고 있습니다. 그렇다면 왜 중국과 유럽에서 전기자동차 판매량이 급격히 증가했을까요?

결론부터 말하자면, 그 답을 한 마디로 설명하긴 어렵습니다. 왜냐하면 여러 가지 요인이 복합적으로 얽혀 있기 때문입니다.

주요 요인은 3-8에서 언급한 파리 협정의 영향이나 중국의 자동차 산업 발전을 위한 국가 전략뿐만이 아닙니다. 탈탄소화를 향한 유럽의 발빠른 움직임, 리튬이온전지에 필요한 리튬과 코발트 등 희소금속이 중국 등 일부 국가에 편중되어 있는 점, 2022년부터 시작된 러시아의 우크라이나 침공을 계기로 러시아로부터의 천연가스 공급이 중단된 탓에 유럽의 에너지 사정이 크게 달라진 점 등을 들 수 있습니다.

이러한 요인들을 살펴보고 정보를 정리하면서 전기자동차가 늘어난 이유를 곰곰이 생각해 보세요.

중국의 충전 설비 시설. 중국은 전기자동차 보급을 국가 전략으로 추진하고 있어 충전소 정비도 급속히 진행되고 있다.

배터리와 전원 시스템

주행을 뒷받침하는 에너지원

Chapter 4

4-1 화학전지, 물리전지, 일차전지, 이차전지, 연료전지

≫ 배터리란 무엇인가?

전동자동차와 배터리

배터리는 전동자동차의 전원이며, 성능과 안전성에 관련된 매우 중요한 부품입니다. 특히 전기자동차의 경우, 탑재되는 배터리(구동 배터리) 용량이 주행 거리를 좌우한다고 해도 과언이 아닙니다. 이 장에서는 배터리에 대해 자세히 알아보겠습니다.

화학전지와 물리전지

배터리란 물질의 화학반응이나 물리 현상에서 발생하는 에너지를 전기 에너지로 변환하는 장치입니다. 여기서 화학반응을 이용하는 배터리를 **화학전지**, 물리 현상을 이용하는 배터리를 **물리전지**라고 합니다(그림 4-1). 일반적으로 배터리라고 하면 화학전지를 가리킵니다. 물리전지의 대표적인 예로는 태양전지와 전기 이중층 커패시터가 있습니다.

화학전지의 종류

화학전지는 크게 **일차전지**와 **이차전지**, 그리고 **연료전지**로 나눕니다(그림 4-2).

일차전지는 비가역적인 전기화학반응이 진행되어 방전되므로 충전할 수 없습니다. 대표적인 예로는 일회용 건전지로 친숙한 망간 건전지나 알칼리 건전지가 있습니다.

이차전지는 가역적인 전기화학반응으로 방전되므로 충전할 수 있습니다. 대표적인 예로는 반복해서 사용할 수 있는 충전식 배터리로 익숙한 니켈-수소전지, 스마트폰이나 노트북에 사용되는 리튬이온전지가 있습니다.

연료전지는 **연료와 공기 중의 산소를 전기화학적으로 반응시켜 전기를 생산하는 발전 장치**입니다. 연료와 산소를 계속 공급하면 지속적으로 전기 에너지를 만들어 낼 수 있습니다.

그림 4-1 전지의 주요 종류

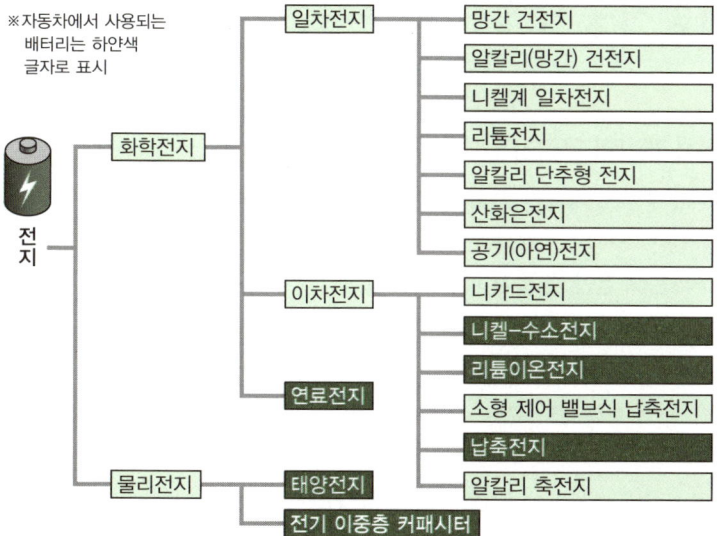

※자동차에서 사용되는 배터리는 하얀색 글자로 표시

그림 4-2 각종 화학전지의 구조

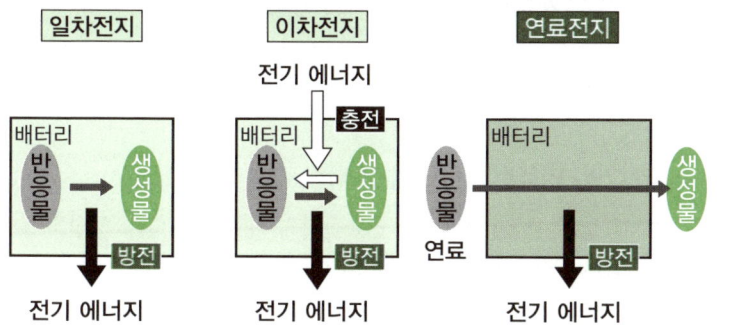

- 이차전지는 반응물 → 생성물이라는 전기화학반응이 가역적이므로, 충전하면 반복해서 사용할 수 있다
- 연료전지는 반응물(연료와 산소)을 공급하면 계속 발전할 수 있다

Point
- ✔ 배터리에는 화학전지와 물리전지가 있다.
- ✔ 화학전지에는 일차전지, 이차전지, 연료전지가 있다.
- ✔ 연료전지는 연료와 산소를 전기화학적으로 반응시켜 발전하는 발전 장치다.

4-2 차량용 배터리, 고정형 배터리

≫ 전동자동차에서 요구되는 배터리

전동자동차 개발의 열쇠가 될 차량용 배터리

자동차에 탑재하는 배터리를 **차량용 배터리**라고 합니다. 이에 반해 건물 내부 등에 고정되어 있는 배터리를 **고정형 배터리**라고 합니다. **차량용 배터리는 고정형 배터리보다 요구되는 조건이 더 많기 때문에 개발하기가 까다롭습니다**(그림 4-3).

전동자동차에 탑재되는 차량용 배터리에 요구되는 것은 주행 거리를 늘리기 위한 대용량화뿐만 아니라 자동차가 주행할 때 받는 진동과 충격을 견딜 수 있어야 하고, 실외 온도와 습도 변화에도 견딜 수 있어야 합니다. 또한, 안전하고 수명이 길고 고장이 잘 나지 않아야 합니다.

일반 판매용 전동자동차는 차량 가격과 무게를 줄여야 하므로, 배터리 생산 비용을 낮추고 경량화할 필요가 있습니다. 게다가 장치를 탑재할 수 있는 공간이 크게 제한되어 있으므로 소형화해야 합니다. 장기적으로는 배터리 소재의 수급 용이성이나 폐차 시 배터리 부품의 재활용성 등도 고려해야 합니다.

이러한 조건을 충족하는 차량용 배터리는 고성능 전동자동차를 개발하는 데 있어 중요한 열쇠가 될 것입니다.

대용량 이차전지와 연료전지 도입의 어려움

납축전지보다 용량이 큰 이차전지나 연료전지의 자동차 도입은 상당히 늦어졌습니다. 일반 판매되는 양산 승용차에 세계 최초로 도입된 것은 니켈-수소전지가 1997년, 리튬이온전지가 2009년, 연료전지가 2015년이었습니다(그림 4-4). 이 전지들의 도입이 늦어진 이유는 위에서 소개한 조건을 충족시키기 위한 기술적 장벽이 높아, 이를 해결하는 데 오랜 개발 기간이 필요했기 때문입니다.

그림 4-3 차량용 배터리에 요구되는 주요 조건

- ▶ 진동과 충격, 온도와 습도 변화에 견딜 수 있다
- ▶ 안전하고 수명이 길고 고장이 잘 나지 않는다
- ▶ 비용 절감 및 경량화, 소형화해야 한다
- ▶ 배터리 소재를 구하기 쉬워야 한다
- ▶ 배터리 부품을 재활용하기 쉬워야 한다

그림 4-4 일반 판매되는 양산 승용차의 각종 배터리 도입 시기

배터리 종류	세계 최초로 양산화한 기업	승용차에 처음 도입된 해	처음 도입한 승용차
니켈-수소전지	마쓰시타 전지공업·산요전기	1997년	토요타 '프리우스'
리튬이온전지	소니에너지텍	2009년	미쓰비시 '아이미브'
연료전지 (고체 고분자형 연료전지)	–	2015년	토요타 '미라이'

Point
- ✔ 차량용 배터리는 고정형 배터리보다 요구 조건이 많아 개발이 까다롭다.
- ✔ 많은 조건을 만족하는 차량용 배터리 개발이 전동자동차 개발의 핵심이다.
- ✔ 대용량 이차전지, 연료전지를 차량용 배터리로 사용하기가 어려웠다.

4-3 구동 배터리, 보조 배터리, 전장부품

≫ 구동 배터리와 보조 배터리

전동자동차에서 사용되는 이차전지

전동자동차의 차량용 배터리로 사용되는 이차전지에는 **구동 배터리**와 **보조 배터리**가 있습니다.

구동 배터리는 **전동자동차 구동에 사용되는 이차전지로, 파워 컨트롤 유닛을 통해 모터에 전력을 공급합니다**(그림 4-5). 또한, 회생 브레이크로 얻은 회생 전력을 이용하여 충전합니다.

한편 보조 배터리는 보조 장치(**전장부품**)에 전기를 공급하는 이차전지입니다. 여기서 말하는 전장품에는 엔진에 시동을 거는 스타터 모터, 헤드라이트 등의 조명류, 파워윈도우, 와이퍼, 오디오, 내비게이션, 에어컨 등이 있습니다(그림 4-6). 가솔린 자동차의 배터리와 같은 역할을 하지만, 전동자동차에서는 구동 배터리와 구분하기 위해 보조 배터리라고 부릅니다.

구동 배터리와 보조 배터리에 요구되는 성능

구동 배터리와 보조 배터리는 각각 역할이 다르므로 요구되는 성능도 다릅니다.

구동 배터리는 전동자동차를 구동하는 중요한 전원으로, 주행 거리를 늘리기 위해선 용량이 클 필요가 있습니다. 현재는 대용량 구동 배터리로서 니켈-수소전지나 리튬이온전지를 사용하지만, 이러한 배터리가 실용화되지 않았던 시기에는 납축전지를 사용했습니다.

보조 배터리는 구동 배터리만큼 대용량일 필요가 없으므로 현재도 납축전지를 사용합니다. 납축전지는 가솔린 자동차에서 오랫동안 사용되어 왔으며, 안전성과 신뢰성이 높고 저렴합니다.

| 그림 4-5 | 구동 배터리의 역할 |

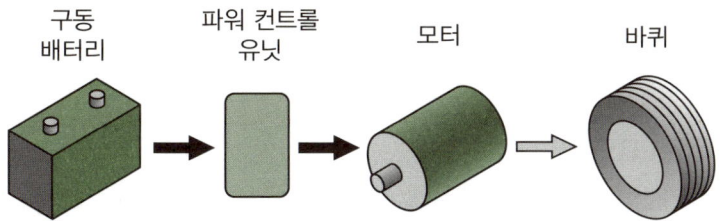

파워 컨트롤 유닛을 통해 모터에 전력을 공급한다

| 그림 4-6 | 보조 배터리의 역할 |

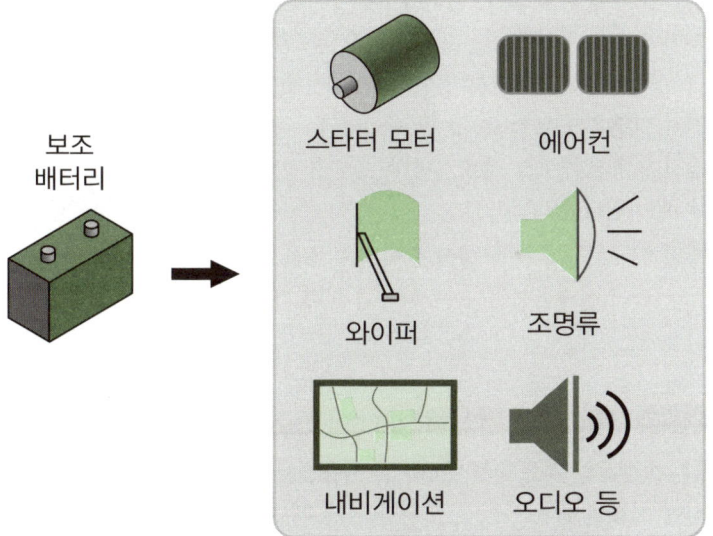

보조 장치(전장부품)

에어컨 등 보조 장치(전장부품)에 전력을 공급한다

> **Point**
> ✓ 전동자동차의 이차전지에는 구동 배터리와 보조 배터리가 있다.
> ✓ 구동 배터리는 자동차를 구동시키는 모터의 전원이다.
> ✓ 보조 배터리는 보조 장치(전장부품)의 전원이다.

4-4 납축전지, 과충전, 과방전, 분리막

» 차량용 배터리의 종류①
이차전지의 원조 납축전지

역사가 있는 이차전지

납축전지는 1859년 프랑스에서 충전과 방전이 모두 가능한 배터리로 고안된 **유서 깊은 이차전지**입니다.

주요 장점으로는 기술적 완성도와 신뢰성이 높고 가격이 저렴하다는 점을 들 수 있습니다. 반면, 주요 단점으로는 무게가 무거워 에너지 밀도가 낮고 유독성이 있는 납과 황산을 사용한다는 점을 들 수 있습니다.

납축전지는 전해액(묽은 황산: H_2SO_4)에 양극(이산화납: PbO_2)과 음극(납: Pb)을 담근 구조입니다(그림 4-7). 방전하면 양쪽 전극에 황산납($PbSO_4$)이 석출되고, 충전하면 그 반대의 전기화학반응이 일어납니다. 즉, 이처럼 전기화학반응이 가역적이므로 충전과 방전을 반복할 수 있습니다. 다만, 수명을 연장하기 위해서는 정상적인 충전과 방전을 마친 후에도 계속 충전과 방전을 반복하는 상태(**과충전**, **과방전**)가 되지 않도록 해야 합니다.

실제 납축전지는 양극과 음극 사이에 이온을 통과시키는 **분리막**Separator이라는 판이 있어 양쪽 전극이 설페이션Sulfation 현상에 의해 단락(쇼트)되는 것을 방지하고 있습니다(그림 4-8).

구동 배터리로 사용되기도 한 납축전지

납축전지는 오랫동안 자동차의 배터리로 사용되어 왔습니다. 특히 가솔린 자동차에서는 엔진에 시동을 거는 스타터 모터를 돌릴 때 100~400A의 전류를 흘려야 하기 때문에 출력이 큰 배터리가 필요합니다. 참고로, **초기 전기자동차에서는 납축전지가 구동 배터리로 사용됐습니다**. 당시에는 자동차에 탑재할 수 있는 실용적인 이차전지가 납축전지밖에 없었기 때문입니다.

그림 4-7 납축전지의 원리

방전 메커니즘과 반응식

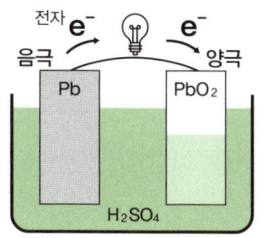

음극 $Pb + SO_4^{2-} \longrightarrow PbSO_4 + 2e^-$
양극 $PbO_2 + 2e^- + SO_4^{2-} + 4H^+$
      $\longrightarrow PbSO_4 + 2H_2O$

충전 메커니즘과 반응식

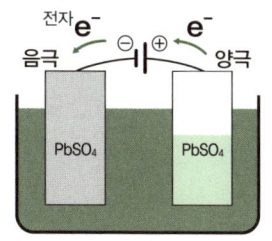

음극 $PbSO_4 + 2e^- \longrightarrow Pb + SO_4^{2-}$
양극 $PbSO_4 + 2H_2O$
      $\longrightarrow PbO_2 + 2e^- + SO_4^{2-} + 4H^+$

방전 시 양극과 음극에 황산납($PbSO_4$)이 생성된다

그림 4-8 납축전지의 구조

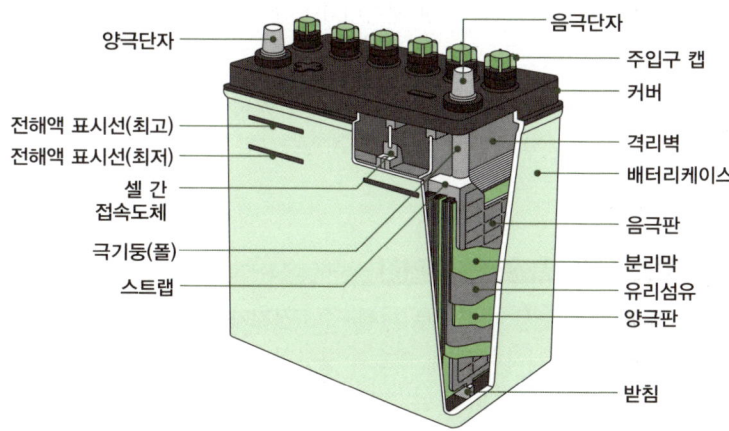

양극과 음극 사이에는 분리막이 있어, 설페이션 현상에 의한 단락을 방지한다

Point
- ✔ 납축전지는 오랜 역사를 가진 이차전지이다.
- ✔ 납축전지는 오랫동안 자동차의 보조 배터리로 사용되어 왔다.
- ✔ 초기 전기자동차에서 납축전지는 구동 배터리로 사용됐다.

4-5 니켈-수소전지, Ni-MH, 안전밸브, 에너지 밀도

≫ 차량용 배터리의 종류②
에너지 밀도가 높은 니켈-수소전지

'반복해서 쓸 수 있는 건전지'로 친숙한 배터리

니켈-수소전지는 1990년 일본의 마쓰시타 전지공업과 산요전기(현 파나소닉)가 세계 최초로 양산에 성공한 이차전지입니다. 공칭 전압이 1.2V로 망간전지의 공칭 전압(1.5V)에 가까워, '**충전식 건전지**'나 유선 전화의 무선 수화기 배터리로 사용되고 있습니다. Nickel Metal Hydride의 줄임말인 **Ni-MH**라고도 합니다.

니켈-수소전지는 전해액(진한 수산화칼륨 수용액)에 양극(옥시수산화니켈: NiOOH)과 음극(수소저장합금: MH)을 담근 구조입니다(그림 4-9). 방전할 때는 양극의 옥시수산화니켈은 수산화니켈이 되고, 음극의 수소저장합금은 수소이온을 방출하여 금속이 됩니다. 과충전 시 양극에선 산소, 음극에선 수소가 발생하여 내부 압력이 높아지는 경우가 있으므로 양극에 가스를 배출하는 **안전밸브**가 장착되어 있습니다(그림 4-10). 또한, 과방전이 되면 배터리가 손상되어 수명이 단축됩니다.

주요 장점으로는 납축전지보다 **에너지 밀도**가 높아서, **소형화**, **경량화**, **대용량화가 용이**하고, 전해액이 수용액이라 리튬이온전지처럼 발화가 잘 일어나지 않으며, 리튬이온전지보다 가격이 저렴하다는 점을 들 수 있습니다. 주요 단점은 납축전지보다 비싸다는 점입니다.

하이브리드 자동차에서 사용하는 배터리

하이브리드 자동차에는 구동 배터리로 니켈-수소전지가 많이 사용됩니다. 1997년에 토요타에서 판매하기 시작한 세계 최초의 양산형 하이브리드 승용차 프리우스는 현재에 이르기까지 25년 이상 니켈-수소전지를 사용하고 있습니다. 현재는 리튬이온전지를 채택한 하이브리드 자동차가 늘어나는 추세입니다.

그림 4-9 니켈-수소전지의 원리

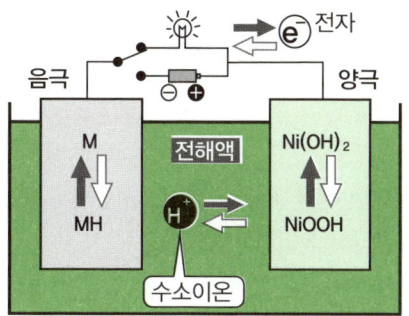

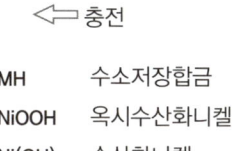

MH	수소저장합금	
NiOOH	옥시수산화니켈	
Ni(OH)$_2$	수산화니켈	

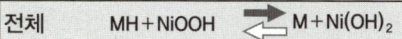

전체	MH + NiOOH ⇌ M + Ni(OH)$_2$
양극	NiOOH + H$_2$O + e$^-$ ⇌ Ni(OH)$_2$ + OH$^-$
음극	MH + OH$^-$ ⇌ M + H$_2$O + e$^-$

- 양극과 음극 사이를 수소이온이 이동한다
- 음극에는 수소저장합금이 사용된다

그림 4-10 니켈-수소전지의 구조(원통형)

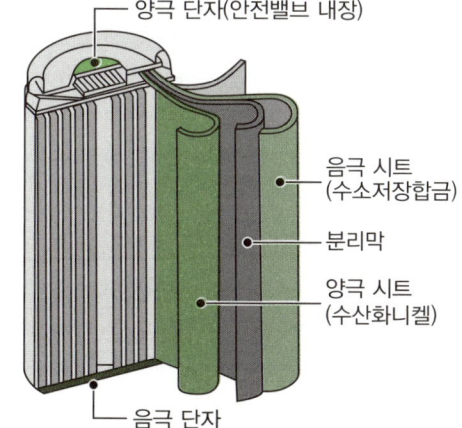

- 양극과 음극 사이에는 수소이온을 통과시키는 분리막이 있어 쇼트를 방지한다
- 양극 단자에는 가스를 배출하는 안전밸브가 있다

출처: 후쿠다 쿄헤이(福田京平) "구조 도해 시리즈 – 배터리의 모든 것을 가장 잘 알 수 있다"
(기술평론사)를 바탕으로 작성

Point
- ✔ 니켈-수소전지는 '반복해서 쓸 수 있는 건전지'로 사용되고 있다.
- ✔ 니켈-수소전지는 납축전지보다 소형화, 경량화, 대용량화 하기 쉽다.
- ✔ 니켈-수소전지는 주요 하이브리드 자동차에서 사용되고 있다.

4-6 리튬이온전지, LIB, 유기용매, 안전밸브

›› 차량용 배터리의 종류③
대용량화를 가능하게 한 리튬이온전지

소형경량화가 가능한 이차전지

리튬이온전지는 1991년 일본의 소니에너지텍이 세계 최초로 양산에 성공한 이차전지로, Lithium-Ion Battery의 약칭인 **LIB**라고도 불립니다.

이 배터리의 주요 장점은 니켈-수소전지보다 **에너지 밀도가 높고, 소형 경량화 및 대용량화가 용이하다는 점**입니다. 셀당 공칭 전압이 3.7V로 납축전지(2.0V)나 니켈-수소전지(1.2V)보다 높기 때문에 에너지 밀도가 높으며, 이러한 이유로 리튬이온전지는 전기자동차뿐만 아니라 스마트폰, 노트북 등 모바일 기기의 전원으로도 폭넓게 사용되고 있습니다. 가장 큰 단점은 니켈-수소전지보다 비싼 가격입니다. 이는 재료가 비쌀 뿐 아니라 안전 관리에도 비용이 많이 들기 때문입니다.

리튬이온전지는 다른 이차전지보다도 엄격한 안전 대책이 필요합니다. 예를 들어 과충전으로 인해 발열이 생기면 전해액(**유기용매**)에 의해 발화하거나 내부 압력이 상승해 파열될 수도 있습니다. 이를 방지하기 위해 배터리 상태를 관리하는 시스템을 갖추고 있으며, 이상 시 내부 가스를 외부로 배출하는 **안전밸브**가 설치되어 있습니다.

리튬이온이 이동한다

리튬이온전지는 전해액에 양극과 음극을 담근 구조로, 충전 및 방전 시 양극과 음극 사이를 리튬이온이 이동합니다(그림 4-11). 양극과 음극 모두 층상 구조이며 리튬이온이 드나들 수 있습니다. 실제 리튬이온전지에서는 양극과 음극 사이에 분리막을 설치하여 양쪽 전극이 접촉해 쇼트되는 것을 방지하고 있습니다(그림 4-12).

그림 4-11 리튬이온전지의 원리

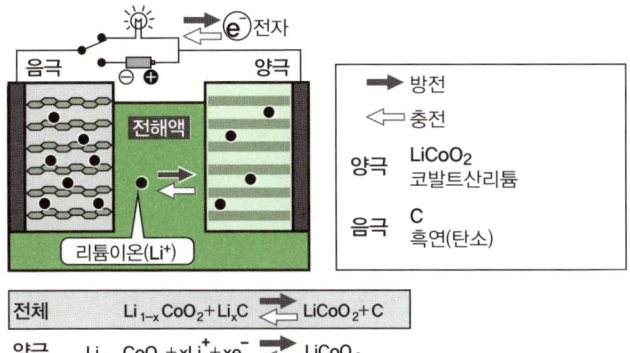

- 리튬이온이 양극과 음극 사이를 이동한다
- 전해액에는 가연성 유기용매가 사용된다

그림 4-12 리튬이온전지의 구조(원통형)

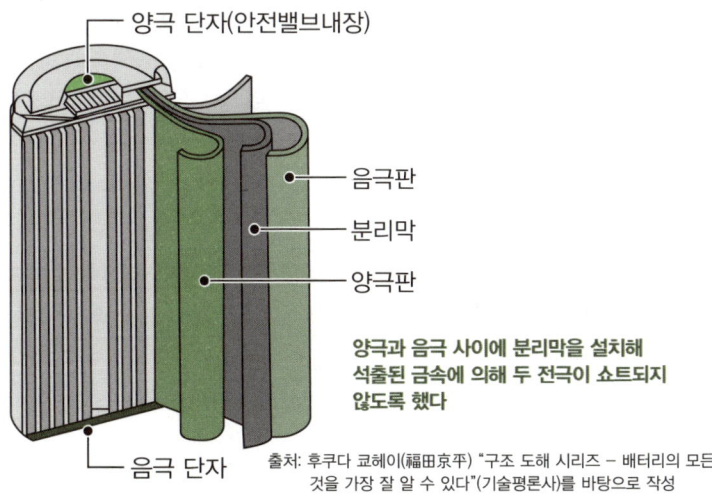

양극과 음극 사이에 분리막을 설치해 석출된 금속에 의해 두 전극이 쇼트되지 않도록 했다

출처: 후쿠다 쿄헤이(福田京平) "구조 도해 시리즈 – 배터리의 모든 것을 가장 잘 알 수 있다"(기술평론사)를 바탕으로 작성

Point
- ✔ 리튬이온전지는 에너지 밀도가 높은 이차전지이다.
- ✔ 소형 경량화 및 대용량화 하기 쉬워 전기자동차에 많이 사용된다.
- ✔ 발화 및 파열 등을 방지하기 위해 엄격한 안전 대책이 필요하다.

4-7 연료전지, 고체 고분자형 연료전지, 고체 고분자막, 탄소지지 백금

≫ 차량용 배터리의 종류④
연료로 발전하는 연료전지

연료를 소비하는 발전 장치

연료전지는 발전 장치입니다. 연료인 수소와 공기 중의 산소를 전기화학반응시켜 물을 생성하고, 전기를 생산합니다. 즉, **물의 전기분해와는 반대 방향의 전기화학반응을 일으켜 전기를 얻는 장치**입니다. 또한, 생성되는 물은 환경에 무해하기에 환경에 부담을 주지 않는 발전 장치로 최근 주목받고 있습니다.

고체 고분자형 연료전지의 구조와 동작 원리

연료전지는 다양한 종류가 있는데, 구조와 작동 온도가 저마다 다릅니다. 그 중 **고체 고분자형 연료전지**(PEFC)가 **차량용 배터리로 사용됩니다**(그림 4-13). 이 연료전지는 구조가 단순하고 작고 가벼우며 100℃ 이하의 저온에서 작동하는 특징이 있어, 용량과 무게 제약이 큰 자동차의 차량용 배터리에 적합합니다.

고체 고분자형 연료전지는 셀을 여러 개 겹쳐서 고정한 스택으로 구성됩니다. 셀은 두 장의 분리막 사이에 막전극접합체^{MEA}를 끼워 넣은 것으로, 분리막에 수소와 공기가 각각 흐르는 구조입니다(그림 4-14).

막전극접합체는 탄소 지지체를 사용한 두 종류의 전극(연료극, 공기극)과 **고체 고분자막**, 촉매층을 압착하여 접합한 것입니다. 고체 고분자막은 고분자로 만든 얇은 필름으로, 습기를 머금으면 수소이온을 통과시키는 성질이 있습니다. 촉매층은 촉매인 백금 사용량을 줄이기 위해 탄소 입자에 백금 입자를 붙인 **탄소지지 백금** 등이 사용됩니다.

고체 고분자형 연료전지는 고분자 전해질막, 탄소지지 백금 등 고가의 부품이 사용되기 때문에 **비용 절감이 큰 과제**입니다.

| 그림 4-13 | 고체 고분자형 연료전지의 구조 |

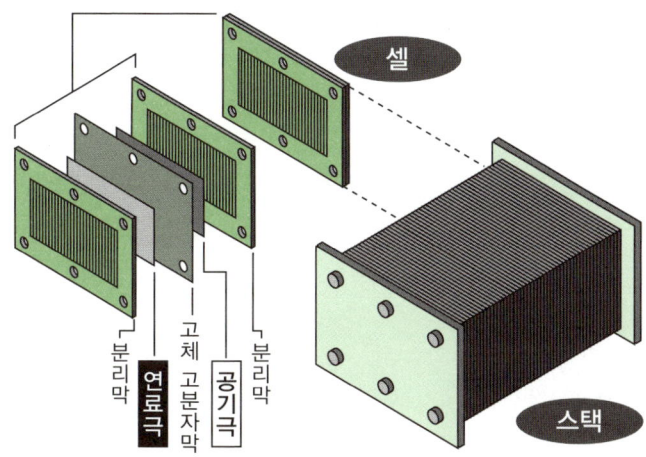

발전하는 셀을 많이 적층한 것을 스택이라고 한다

| 그림 4-14 | 발전 원리 |

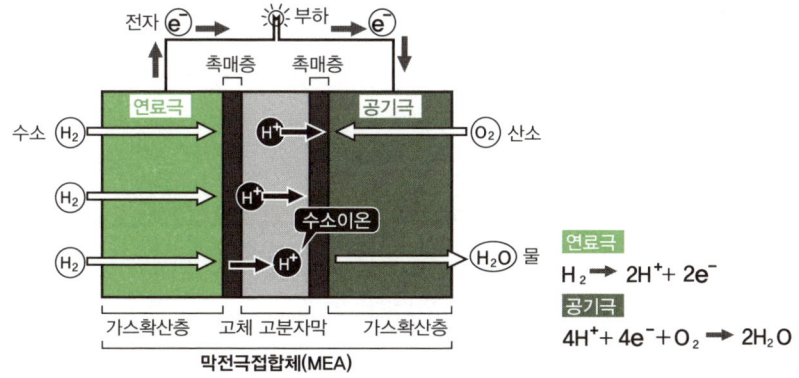

연료극: $H_2 \rightarrow 2H^+ + 2e^-$

공기극: $4H^+ + 4e^- + O_2 \rightarrow 2H_2O$

연료극에 공급된 수소는 촉매층에서 수소 이온이 되어 고체 고분자막을 통과하고, 공기 중의 산소와 전기화학반응을 일으켜 물을 생성한다

Point
- ✓ 연료전지는 전기화학반응으로 발전하는 발전 장치다.
- ✓ 차량용 배터리로 사용되는 배터리는 고체 고분자형 연료전지이다.
- ✓ 고체 고분자형 연료전지는 비용 절감이 가장 큰 과제이다.

4-8 태양전지, 광기전력 효과, 태양전지판, 솔라 카

≫ 차량용 배터리의 종류⑤ 빛으로 발전하는 태양전지

태양광으로 발전한다

태양전지는 물리전지의 일종으로, **태양광에서 얻을 수 있는 빛 에너지를 전기 에너지로 변환하는 발전 장치**입니다. 반도체에 빛을 비추면 기전력이 발생하는 현상(**광기전력 효과**)을 이용합니다(그림 4-15). 여러 개의 태양전지를 깔아 놓은 패널을 **태양전지판**이라고 합니다.

하지만 태양전지에는 약점이 있습니다. 우선, 고가의 부품을 사용하기 때문에 비용 절감이 어렵습니다. 또한, 햇빛이 없는 밤에는 발전이 불가능하며, 날씨에 따라 발전 능력이 크게 달라지는 점, 면적당 발전량이 적다는 점 등이 대표적인 약점입니다.

태양전지판을 탑재한 전기자동차

태양전지를 전원으로 사용하는 전기자동차를 일반적으로 **솔라 카**$^{Solar\ Car}$라고도 합니다(그림 4-16). 1950년대부터 개발되기 시작해, 1980년대부터는 솔라 카 기술을 겨루는 솔라 카 레이스가 개최된 역사가 있습니다.

현재는 태양전지판을 장착한 양산형 자동차가 판매되고 있습니다. 대표적인 예로 2016년부터 판매된 토요타의 플러그인 하이브리드 자동차 '프리우스 PHV'와 2022년부터 판매된 토요타의 전기자동차 'bZ4X'(그림 4-16)가 있습니다. 이들은 모두 구동 배터리로 이차전지를 탑재하고 있을 뿐만 아니라, 차체 지붕에 보조 전원으로 태양전지판을 장착하여 발전함으로써 충전 기회를 늘리고 주행 거리를 연장하는 구조로 되어 있습니다.

그림 4-15 태양전지의 발전 원리(광기전력효과)

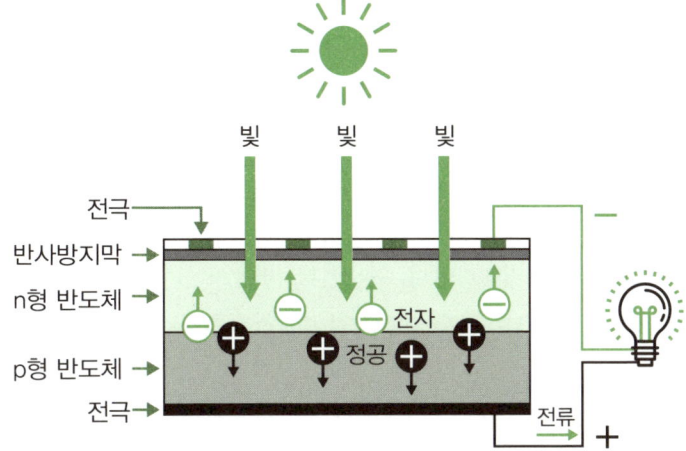

- 서로 다른 반도체가 접하는 접합면에 빛(광자)이 닿으면 충돌한 광자 에너지에 의해 전자(음전하를 띤 입자)와 정공(양전하를 띤 입자)이 발생하고 이들이 이동하면서 전류가 흐른다
- 이 현상을 광기전력 효과라고 하며, 태양광 발전에 이용한다

그림 4-16 토요타의 전기자동차 'bZ4X'

차체 지붕에 태양전지판이 장착되어 있다
(사진제공: 토요타 자동차)

Point
- ✔ 태양전지는 빛 에너지를 전기 에너지로 변환하는 발전 장치이다.
- ✔ 태양전지를 탑재한 전기자동차를 솔라 카라고도 부른다.
- ✔ 태양전지를 보조 전원으로 탑재한 자동차는 이미 판매되고 있다.

4-9 전기 이중층 커패시터, 전기 이중층

≫ 차량용 배터리의 종류⑥ 충방전이 빠른 전기 이중층 커패시터

단시간에 충전 및 방전할 수 있다

전기 이중층 커패시터는 물리전지의 일종으로, **신속한 충방전이 가능한 축전 장치**입니다. 후술할 **전기 이중층**이라는 물리 현상을 이용하여 축전량을 현저히 높인 커패시터(콘덴서)이며, '울트라 커패시터'나 '슈퍼 커패시터'로도 불립니다.

가장 큰 특징은 긴 수명으로 10만~100만 회 충방전을 할 수 있습니다. 또한, 내부 저항이 작아 단시간에 충전할 수 있으며, 출력 밀도가 리튬이온전지의 5배에 가깝습니다. 다만, 이차전지보다 에너지 밀도가 낮다는 약점은 있습니다.

전기 이중층 커패시터는 전해액에 금속제로 된 양극과 음극을 담근 구조이며, 외부 전원을 사용해 전압을 인가하면 전해액 속의 이온이 전극 근처에 모여 층상의 커패시터(콘덴서)를 형성합니다(그림 4-17). 이 층을 전기 이중층이라 부르며, 이곳에 전기를 저장합니다.

간이 방식 하이브리드 자동차에 도입한다

2장에서 소개한 하이브리드 자동차 중에는 하이브리드 기술을 부분적으로 도입한 간이형 하이브리드가 있었습니다. 이러한 자동차 중에는 **회생 전력을 이차전지 대신 전기 이중층 커패시터에 저장함으로써 니켈-수소전지 등 고가의 이차전지를 사용하지 않고 에너지 효율을 높여 연비 향상을 꾀한 차종이 있습니다.**

세계 최초로 이 시스템을 도입한 승용차는 마쓰다가 2012년부터 판매하기 시작한 3세대 '아텐자'입니다(그림 4-18). 아텐자에서 처음 도입된 전기 이중층 커패시터를 사용한 감속 에너지 회생 시스템은 'i-ELOOP'라고 불리며, 현재까지 마쓰다의 여러 차종에 도입되고 있습니다.

그림 4-17　전기 이중층 커패시터의 원리

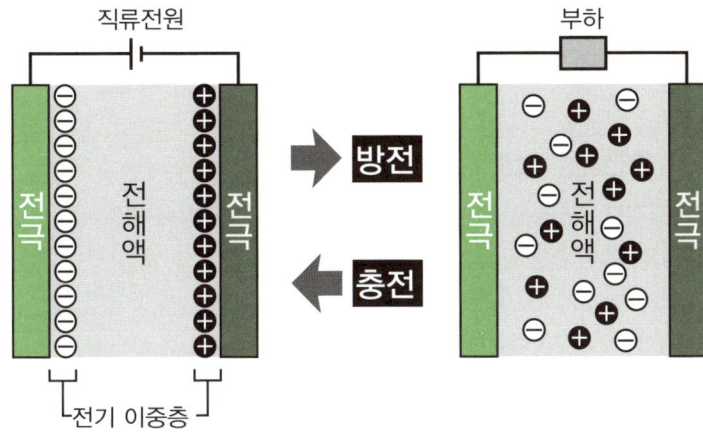

직류 전압을 인가하면 전해액 속의 이온이 전극 부근에 흡착되어
전기 이중층을 형성하고 전기를 저장한다

그림 4-18　마쓰다의 3세대 '아텐자'

전기 이중층 커패시터를 채용한 감속 에너지 회생 시스템
'i-ELOOP' 채용

(사진제공 : 마쓰다 자동차)

> **Point**
> ✔ 전기 이중층 커패시터는 전기를 빠르게 충방전할 수 있는 축전장치이다.
> ✔ 전기 이중층 커패시터는 전기 이중층이라는 물리 현상을 이용한다.
> ✔ 회생 전력을 저장하는 축전장치로 이미 일부 승용차에 도입되어 있다.

4-10 배터리 관리 시스템, 충방전, 충전율

≫ 배터리의 안전을 지키는 배터리 관리 시스템

이차전지의 안전성을 지킨다

니켈-수소전지나 리튬이온전지를 **안전하고 효율적으로 사용**하기 위해서는 **배터리 관리 시스템**이 필요합니다. 이들 이차전지는 에너지 밀도가 높고 편의성이 높은 반면, 잘못 사용하면 수명이 짧아질 뿐만 아니라 발화, 발연, 파열 등의 문제가 발생할 수 있는 위험성이 있기 때문입니다.

배터리 관리 시스템은 이차전지의 전류, 전압, 온도, 배터리 잔량 등의 데이터를 관리하여 과충전, 과방전, 과전류, 발열 등을 방지하고 전압을 균등화하여 수명을 연장하는 역할을 담당합니다(그림 4-19).

배터리 수명을 늘리려는 연구

전동자동차는 주행 중에 가속과 감속을 반복하므로, 구동 배터리는 자주 **충방전**을 반복하게 됩니다. 한편, 구동 배터리에 사용되는 니켈-수소전지와 리튬이온전지는 약 500회 정도 충방전을 반복하면 배터리 용량이 60% 정도로 감소하여 수명을 다하게 됩니다.

그렇다면 어떻게 전동자동차의 구동 배터리는 약 500회 이상 충방전을 반복할 수 있는 걸까요? 그것은 배터리 관리 시스템이 사용 상황이나 온도에 따라 구동 배터리의 **충전율**을 적절히 유지하기 때문입니다(그림 4-20). 즉, 조건에 따라 제어 상한값과 제어 하한값을 설정하고, 충전율을 해당 범위 내에서 완만하게 변화시킴으로써 구동 배터리의 수명을 연장시키는 것입니다.

이 때문에, 니켈-수소전지나 리튬이온전지를 탑재한 전동자동차에서 배터리 관리 시스템은 매우 중요한 역할을 하며, **전동자동차의 실용화에 중요한 열쇠**가 되고 있습니다.

| 그림 4-19 | 배터리 관리 시스템의 기능 |

❶ 셀의 과충전, 과방전을 방지하는 기능
❷ 셀의 과전류를 방지하는 기능
❸ 셀의 온도를 관리하는 기능
❹ 전지 잔량(SOC)을 산출하는 기능
❺ 셀 전압을 균등(셀 밸런스)하게 맞추는 기능

| 그림 4-20 | 배터리 관리의 예 |

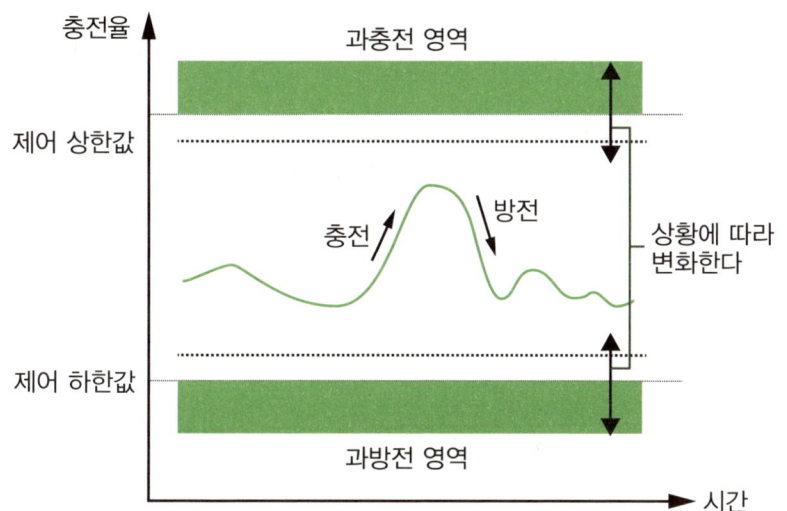

조건에 따라 제어 상한과 하한을 설정하고 그 사이에서
충전율을 유지함으로써 배터리 수명을 연장한다

Point
- ✓ 배터리 관리 시스템은 이차전지의 안전성과 효율성을 유지한다.
- ✓ 배터리 관리 시스템은 충전율을 적당하게 유지하여 수명을 연장한다.
- ✓ 배터리 관리 시스템은 전동자동차 실용화에서 중요한 기술이다.

> **해보자**   ● **스마트폰의 충전 상태를 확인해 보자** ●

4-10에서 소개한 '배터리 관리 시스템'은 많은 분들에게 익숙하지 않은 용어일 것입니다. 하지만 사실은 우리가 일상적으로 사용하는 기기 중에도 이 시스템을 사용하는 것이 있습니다. 대표적인 예가 스마트폰입니다.

스마트폰은 전원으로 리튬이온전지를 사용하므로, 전동자동차처럼 배터리 관리 시스템으로 충방전을 관리합니다. 배터리 관리 시스템은 리튬이온전지의 안전성을 높이고 수명을 연장할 수 있도록 고안되어 있습니다.

이는 스마트폰의 배터리 잔량 관리 화면에서 확인할 수 있습니다. 예를 들어, 아이폰의 경우 설정 〉 배터리 항목에서 배터리 잔량이 변화하는 모습을 시각적으로 확인할 수 있습니다. 그래프에 적힌 0%나 100%는 실제 충전율이 아니라, 배터리를 안전하게 사용할 수 있는 상한값과 하한값을 의미합니다. 즉, 과방전이나 과충전이 일어나지 않도록 충전율을 관리함으로써 리튬이온전지의 안전성을 높이고 수명을 연장하는 것입니다.

전동자동차에는 기본적으로 이런 배터리 잔량 관리 화면은 없지만, 스마트폰과 마찬가지로 배터리 관리 시스템을 사용하고 있습니다.

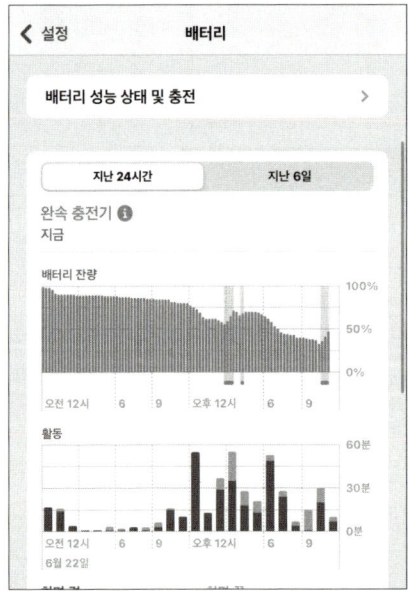

〈아이폰의 배터리 관리 화면〉
배터리 잔량 변화뿐만 아니라 사용 시간대(활동)도 파악할 수 있도록 되어 있다

Chapter 5

동력으로 사용되는 모터

모터의 종류와 구조

Electric Vehicle

로렌츠 힘, 고정자, 회전자, 브러시, 정류자

》 모터란 무엇인가?

모터는 자석의 힘으로 회전한다

모터(Motor: 전동기)란 전기 에너지를 운동 에너지로 변환하는 구동 장치입니다. 대부분은 자기장에서 전하가 받는 힘(**로렌츠 힘**)을 이용하여 회전하는 회전형 모터입니다. 이 책에서는 전동자동차에 사용되지 않는 직선 운동을 하는 리니어 모터나 초음파 진동을 이용하는 초음파 모터에 대한 설명은 생략하고, 회전형 모터를 '모터'라고 부르겠습니다.

다음으로 모터가 회전하는 원리를 직류 모터의 일종인 모형용 모터를 사용하여 설명하겠습니다(그림 5-1). 모형용 모터에는 **고정자**(스테이터, 회전하지 않는 부분)와 **회전자**(로터, 회전하는 부분)가 있으며, 고정자에는 영구자석, 회전자에는 전자석(전기자)이 배치됩니다. 두 개의 리드선에 직류 전압을 인가하면, **브러시**와 **정류자**를 통해 전기자의 코일에 전류가 흘러 자기장이 발생합니다. 이때 영구자석이 만드는 자기장과의 사이에서 자석끼리 서로 끌어당기고 밀어내는 힘이 작용하여 회전자가 회전합니다(그림 5-2). 브러시와 정류자는 전기자의 자극을 전환하는 스위치 역할을 합니다.

모터는 큰 소음이나 배기가스를 발생시키지 않는다

모터는 엔진보다 유지 보수하기가 쉽습니다. 엔진에는 엔진 오일, 팬 벨트와 같은 소모품이 있어 정기적으로 점검하고 교체해야 하지만, 모터에는 마찰하는 정류자나 브러시를 제외하고는 소모품이 거의 없습니다. 또한 회전자가 회전할 때 엔진보다 소음과 진동이 적고 배기가스를 배출하지 않습니다.

엔진을 탑재하지 않는 전기자동차나 연료전지 자동차가 친환경 청정 자동차로 꼽히는 것은 모터의 이러한 특성과 큰 관련이 있습니다.

그림 5-1　직류 모터의 일종인 모형용 모터

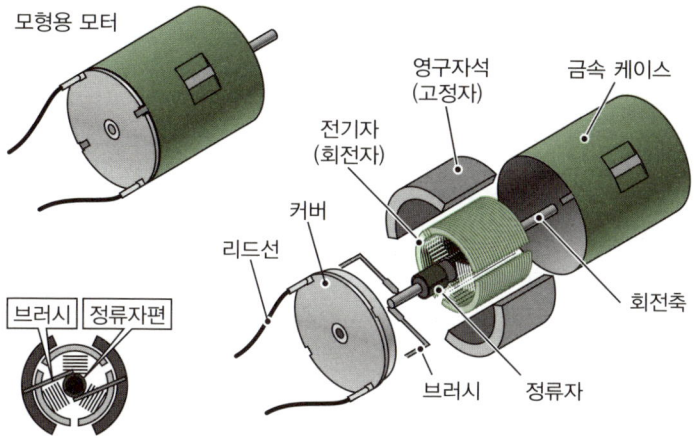

- 고정자에는 영구자석, 회전자에는 전자석(전기자)이 있다
- 정류자와 브러시는 전기자의 자극을 전환하는 스위치 역할을 한다

그림 5-2　자석 사이에 작용하는 힘

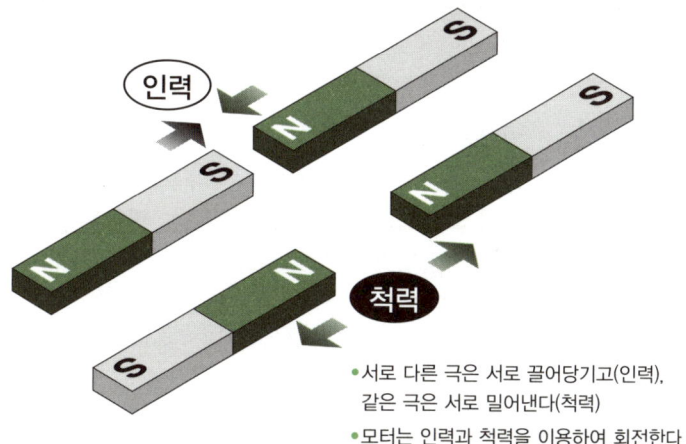

- 서로 다른 극은 서로 끌어당기고(인력), 같은 극은 서로 밀어낸다(척력)
- 모터는 인력과 척력을 이용하여 회전한다

Point
- ✔ 모터는 자석끼리 서로 끌어당기고 밀어내는 힘을 이용하여 회전한다.
- ✔ 모터는 엔진보다 유지 보수가 간편하다.
- ✔ 모터는 소음과 진동이 적고 배기가스를 배출하지 않는다.

5-2 구동 모터, 주행 모드

≫ 전동자동차에 필요한 모터

해결할 과제가 많다

전동자동차 구동에 사용되는 모터(**구동 모터**)는 고정된 가전제품이나 공장용 모터에 비해 해결해야 할 과제가 많습니다. 구동 모터는 자동차에 탑재되기 때문에 부피와 무게에 대한 제약이 많고, 자동차를 구동하기 위해 일정 이상의 출력이 필요합니다. 또한, 배터리와 마찬가지로 주행 중에 진동과 충격을 받으며, 야외의 온도와 습도 변화에 노출됩니다. 즉, 구동 모터는 **작고 가볍고 출력이 높으면서도 견고하고 고장이 잘 나지 않아야 합니다.**

특히 하이브리드 자동차에는 구동 모터와 파워 컨트롤 유닛 외에도 엔진 및 관련 부품이 들어가며, 이를 보닛 속 한정된 공간에 넣으면서 무게에 관한 제한을 극복해야 하므로 구동 모터를 더 소형화, 경량화해야 합니다(그림 5-3).

다양한 주행 모드에 대응

전동자동차의 구동 모터는 다양한 **주행 모드**에 대응할 필요가 있습니다(그림 5-4). 전동자동차는 정지 상태부터 고속 순항 상태까지 폭넓은 범위의 속도로 주행하므로, 운전 중 구동 모터의 회전 속도와 그에 가해지는 부하가 빈번하게 변화합니다.

전동자동차의 주행 모드는 크게 4가지가 있으며, 각각의 모드에서 구동 모터에 요구되는 회전 속도와 토크가 달라집니다. 예를 들어, 낮은 속도 영역이라도 평지를 저속으로 주행하기 위해 작은 토크가 필요한 '시내 주행 모드'와, 경사가 많은 산악 지역을 주행하거나 다른 차량을 견인하기 위해 큰 토크가 필요한 '등반 및 견인 주행 모드'가 있습니다. 구동 모터는 이 두 가지 모드에 모두 대응해야 합니다.

그림 5-3 하이브리드 승용차의 보닛 부분

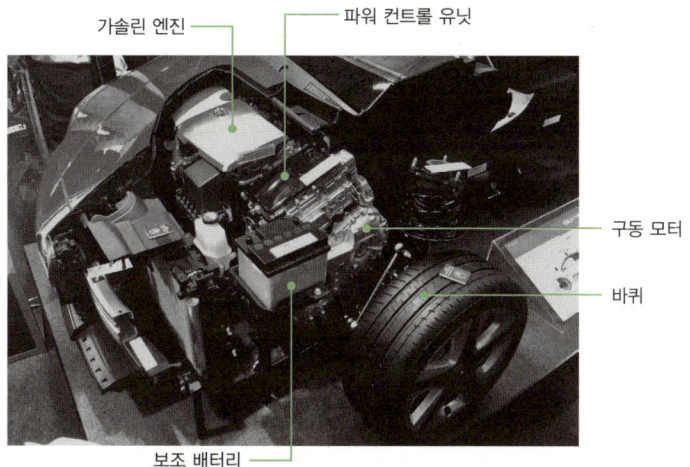

많은 장치를 탑재하기 때문에 구동 모터의 소형화 및 경량화가 요구된다

(자동차 기술전 2016 전시회장에서 촬영한 토요타 프리우스의 절단 모형)

그림 5-4 전동자동차 구동 모터에 요구되는 특성

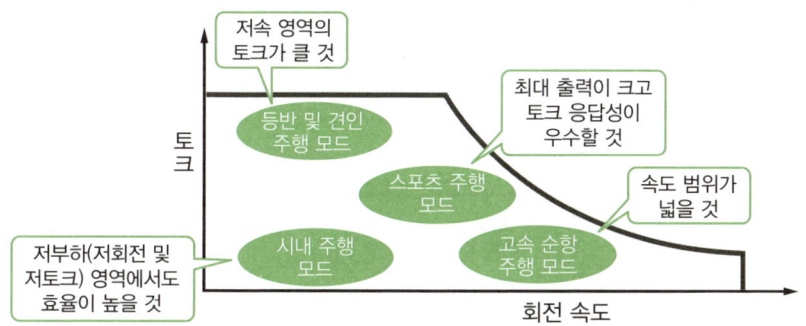

다양한 회전 속도에 대응하고 조건에 따라 적절한 토크(출력)를 발휘할 수 있어야 한다

출처: 히로타 유키츠구·오가사와라 사토시 편저, 후나토 히로히토·미하라 테루요시·데구치 요시타카·하츠타 타다유키 저 "전기자동차공학(제1판)"(모리키타출판)의 그림 4-1을 바탕으로 작성

Point
- ✓ 구동 모터는 견고하고, 소형 경량화 및 고출력화가 용이해야 한다.
- ✓ 구동 모터는 다양한 주행 모드에 대응할 수 있어야 한다.

5-3 직류 모터, 교류 모터, 단상교류, 삼상교류

≫ 모터 이해하기① 모터와 전기의 종류

직류와 교류의 차이

모터에 흐르는 전기의 종류를 크게 나누면 직류로 움직이는 **직류 모터**와 교류로 움직이는 **교류 모터**로 분류할 수 있습니다.

직류와 교류의 큰 차이점은 **전압의 시간 변화**로 나타낼 수 있습니다(그림 5-5). 직류는 시간에 관계없이 전압이 일정합니다. 반면 교류는 전압이 일정한 주기로 변화하며 정현파(사인 곡선)를 그립니다.

교류에는 **단상교류**와 **삼상교류**가 있습니다. 단상교류는 1개의 정현파로 표시되며, 2개의 전선으로 공급됩니다. 삼상교류는 위상이 120도씩 어긋난 3개의 정현파로 표시되며, 3개의 전선으로 공급됩니다.

참고로 구동 배터리가 공급하는 전기는 건전지와 같은 직류이고, 가정용 콘센트가 공급하는 전기는 단상교류입니다. 단, 발전소에서 변전소로 보내는 전기는 삼상교류며, 분전반에서 삼상교류를 단상교류로 변환합니다.

모터의 종류

직류 모터와 교류 모터는 각각 구조에 따라 다양한 종류가 있습니다(그림 5-6).

전기자동차에 사용되는 구동 모터는 시대에 따라 변화해 왔습니다. 예전에는 정류자가 있는 직류 모터가 사용됐지만, 현재는 정류자가 없는 교류 모터(동기 모터 또는 유도 모터)가 사용됩니다. 이와 같은 변화는 전기로 움직이는 전철의 구동 모터(주전동기)에서도 일어났습니다.

왜 이런 변화가 일어났을까요? 직류 모터와 교류 모터의 특징을 살펴보면서 그 답을 찾아보겠습니다.

그림 5-5 직류와 교류 전압의 시간 변화

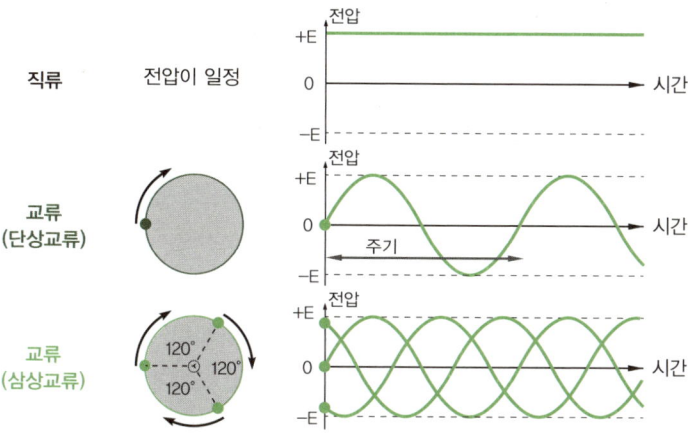

※단상교류와 삼상교류의 오른쪽 곡선은 회전할 때 점의 궤적을 나타낸다

그림 5-6 직류 모터와 교류 모터

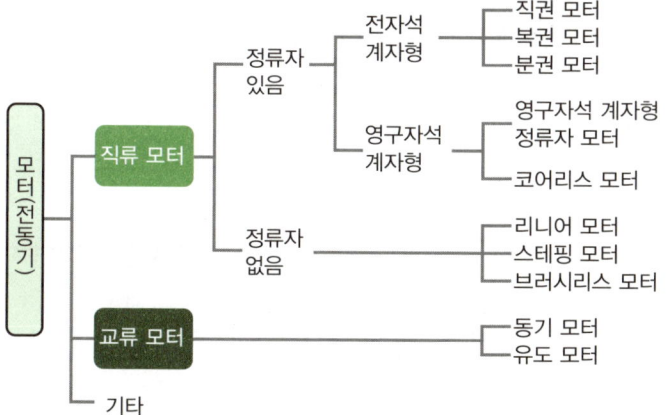

각각 입력되는 전기의 종류와 고정자 및 회전자 구조가 다르다

Point
- ✔ 모터는 크게 직류 모터와 교류 모터로 나뉜다.
- ✔ 직류와 교류는 전압의 시간 변화가 다르다.
- ✔ 직류 모터와 교류 모터는 구조에 따라 다양한 종류가 있다.

5-4 직류 모터, 정류자, 브러시

》 모터 이해하기② 제어가 쉬운 직류 모터

직류 모터의 약점

일반적인 **직류 모터**에는 고정자와 회전자 외에 회전자의 전자석(전기자)에 전기를 흐르게 하는 **정류자**와 **브러시**가 있습니다(그림 5-7). 전력반도체를 사용해서 정류자와 브러시를 없앤 브러시리스 직류 모터도 있지만, 여기서는 설명을 생략합니다.

직류 모터가 회전하는 원리는 5-1에서 소개한 모형용 모터와 기본적으로 동일합니다. 다만, 고정자에 영구자석이 아닌 전자석(계자 코일)을 사용한 예도 있습니다.

정류자와 브러시는 **전기자의 자극을 전환하는 스위치 역할**을 합니다. 이 때문에 회전 중에 전기 스파크가 발생하기 쉽고, 브러시가 마모되어 고장이 나기 쉬우므로 **정기적인 보수가 필요합니다**. 그런 점에서 정류자와 브러시는 직류 모터의 약점이라고도 할 수 있습니다.

초기 전기자동차와 전철에서 사용된 직류 모터

직류 모터는 교류 모터보다 제어하기 쉽기 때문에 오래전부터 전기자동차의 구동용 모터로 사용되어 왔습니다. 직류 모터의 회전수와 출력은 흐르는 전류의 값을 변경하여 쉽게 제어할 수 있습니다. 3-2절에서 설명한 1차 붐 시기에 등장했던 전기자동차에는 모두 직류 모터가 사용됐습니다.

직류 모터는 전기자동차뿐만 아니라 전철에서도 오랫동안 사용되어 왔습니다(그림 5-8). 최근 국내에서 제작된 전철은 교류 모터로 움직이지만, 교류 모터가 도입되기 전까지는 모든 전철이 직류 모터를 사용했습니다.

그림 5-7 | 직류 모터의 구조

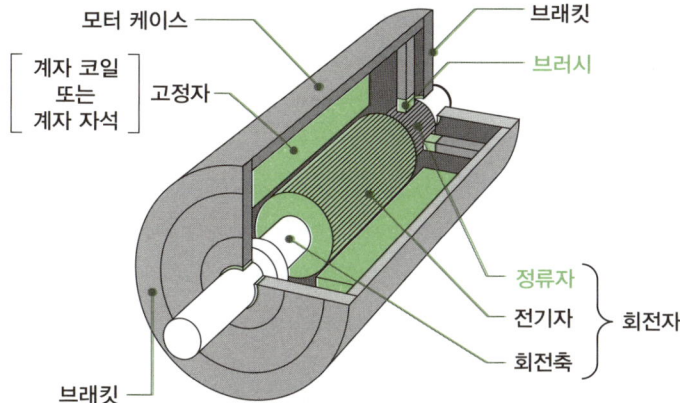

정류자와 브러시가 접촉함으로써 전기자의 자극을 전환하는 구조이다

출처: 아카츠 칸 감수 "사상최강 컬러도해 최신 모터 기술의 모든 것을 알 수 있는 책"
(나츠메샤)의 그림 B1-1-1을 기반으로 작성

그림 5-8 | 전철에서 사용된 직류 모터(직류 직권 모터)

케이스에는 정류자나 브러시를 보수할 수 있는 구멍이 있어,
외부에서 내부의 정류자(화살표)가 보인다

Point
- ✔ 정류자와 브러시는 전기자의 자극을 전환하는 스위치이다.
- ✔ 정류자와 브러시는 유지 보수가 번거롭다.
- ✔ 직류 모터는 제어가 용이하여 초기 전기자동차 및 전철에 사용됐다.

5-5 교류 모터, 회전 자계, 삼상교류, 합성 자계

≫ 모터 이해하기③ 수리가 쉬운 교류 모터

회전자계를 이용해 회전자를 돌린다

교류 모터는 고정자의 계자 코일을 사용하여 회전하는 자계(**회전 자계**)를 생성하고, 내부의 회전자를 돌리는 구조로 되어 있습니다. 회전자에 직접 전기를 공급할 필요가 없으므로 정류자나 브러시가 없습니다 (그림 5-9).

회전 자계는 **삼상교류**를 사용하여 쉽게 만들 수 있습니다. 크기와 권선수가 같은 코일을 120도 간격으로 배열하여 삼상교류를 흐르게 하면, 각각의 코일이 만드는 자계로부터 **합성 자계**가 형성되어 일정한 속도(삼상교류의 주기)로 회전합니다(그림 5-10).

현재 전동자동차에서 사용되는 교류 모터(유도 모터·동기 모터)는 모두 삼상교류가 만드는 회전 자계를 이용하여 회전자를 회전시키는 구조입니다. 따라서 **회전자에 전력을 공급하는 정류자나 브러시가 없어 보수가 간편하고, 직류 모터보다 구조가 단순해 소형화 및 경량화가 용이하다**는 장점이 있습니다.

교류 모터를 사용할 수 있게 된 배경

예전에는 교류 모터가 직류 모터보다 제어가 어렵고 회전 속도와 토크를 조절하기가 쉽지 않았기 때문에, 전기자동차나 전철의 구동 모터로 사용하기가 어려웠습니다.

하지만 파워 일렉트로닉스 기술의 발달로 교류 모터에 입력되는 삼상교류의 전압과 주파수를 연속적으로 변화시켜 회전 속도와 토크를 제어할 수 있게 되면서 **현재는 교류 모터가 전기자동차나 전철의 구동 모터로 많이 사용되고 있습니다.** 교류 모터의 제어에 관해서는 6-4에서 자세히 설명합니다.

그림 5-9 교류 모터의 구조

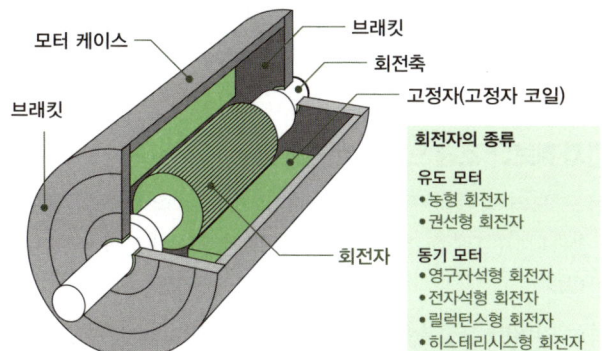

일반 직류 모터와 달리 정류자나 브러시가 없어
유지 보수가 용이하고 소형화, 경량화가 가능하다

출처: 아카츠 칸 감수 "사상최강 컬러도해 최신 모터 기술의 모든 것을 알 수 있는 책"
(나츠메샤)의 그림 C1-1-1을 기반으로 작성

그림 5-10 삼상교류가 회전 자계를 만드는 원리

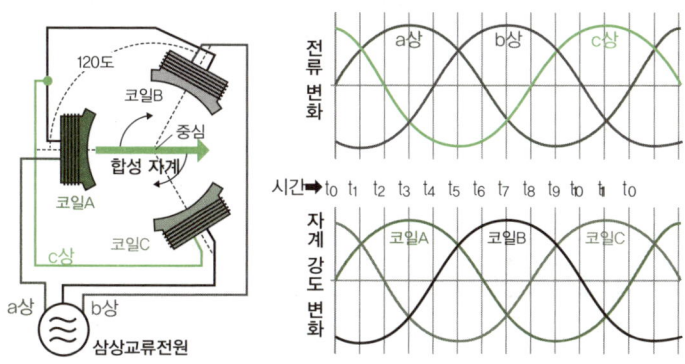

코일을 120도 간격으로 배열하고 삼상교류를 흐르게 하면, 각 코일이 만들어 내는
자기장으로 합성 자기장이 만들어져 일정한 속도로 회전한다

출처: 아카츠 칸 감수 "사상최강 컬러도해 최신 모터 기술의 모든 것을 알 수 있는 책"
(나츠메샤)의 그림 C1-2-1을 기반으로 작성

Point
- ✓ 교류 모터는 회전 자기장을 만들어 회전자를 회전시킨다.
- ✓ 정류자나 브러시가 없으므로 보수가 간편하고 및 소형화 및 경량화가 가능하다.
- ✓ 제어 기술의 발달로 교류 모터를 전기자동차에 사용할 수 있게 됐다.

5-6 삼상 농형 유도 모터, 회전 자계, 유도전류

≫ 구동 모터①
전철에서 많이 사용되는 유도 모터

회전자가 회전자계보다 조금 느리게 회전한다

이 절에서는 유도 모터의 예로 전철에서 많이 사용되는 **삼상 농형 유도 모터**의 작동 원리를 설명하겠습니다(그림 5-11). 이 모터는 회전자가 새장과 같은 구조로 되어 있어 그렇게 불립니다.

앞 절에서 설명한 것처럼 삼상 농형 유도 모터에서 고정자의 계자 코일에 삼상교류가 흐르면 **회전 자계**(자기장)가 발생합니다. 그러면 회전자의 도체에 **유도전류**가 흐르고, 회전 자계와 당기고 밀어내는 힘이 발생하면서 **회전자가 회전 자계의 회전 속도보다 약간 느리게 회전합니다**. 이때 생기는 회전 속도의 차이를 '슬립'이라고 합니다.

삼상 농형 유도 모터의 장점과 단점

삼상 농형 유도 모터에도 장단점이 있습니다. 주요 장점으로는 교류 모터이기 때문에 정류자나 브러시가 없어(그림 5-12) 보수가 용이하다는 점, 직류 모터보다 구조가 단순하고 견고하여 신뢰성과 경제성이 뛰어나다는 점, 그리고 다음 절에서 설명할 영구자석 동기 모터처럼 희소 금속이 필요한 고가의 영구자석을 필요로 하지 않는다는 점을 들 수 있습니다. 주요 단점으로는 영구자석 동기 모터와 비교했을 때 효율이 낮고, 소형 경량화가 다소 어렵다는 점을 들 수 있습니다.

일부 전기자동차에서 도입했다

전기자동차 구동용 모터로 영구자석 동기 모터를 채용한 차종이 많이 있습니다. 다만, 미국 테슬라가 개발한 전기자동차 중에는 삼상 농형 유도 모터를 채용한 사례도 있습니다.

그림 5-11 유도 모터의 원리

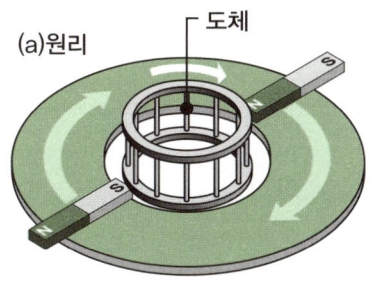
(a) 원리

바깥쪽 자석이 회전하면 안쪽 도체에 유도전류가 흐르고 자극이 생겨 회전한다

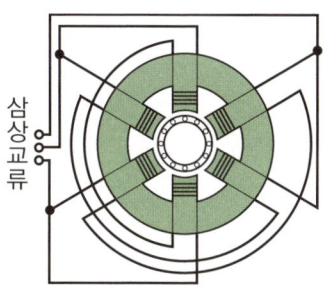
(b) 기본 구조

고정자에서 회전 자계가 생기면 회전자의 도체에 유도전류가 흐르고
자극이 발생하여 바깥쪽 자석보다 느린 속도로 회전한다

그림 5-12 전철에 도입된 삼상 농형 유도 모터의 절단 모형

정류자나 브러시가 없는 만큼 작아졌고 보수가 쉬워졌다

Point
- 유도 모터의 회전자는 회전 자계보다 약간 느리게 돈다.
- 유도 모터는 정류자나 브러시가 없어 보수가 용이하다.

5-7 동기 모터, 영구자석 동기 모터, 네오디뮴 자석, 희소금속

≫ 구동 모터②
자동차에서 많이 사용되는 동기 모터

회전 자계와 같은 속도로 회전한다

동기 모터는 유도 모터와 마찬가지로 교류 모터의 일종입니다(그림 5-13). 다만 **회전자가 회전 자계와 같은 속도로 회전한다**는 점이 유도 모터와 근본적으로 다릅니다.

전기(전동)자동차의 구동용 모터로는 동기 모터의 일종인 **영구자석 동기 모터**가 주로 사용됩니다(그림 5-14). 이는 영구자석을 회전자에 배치한 모터로, 삼상 농형 유도 모터보다 소형 경량화가 쉽기 때문에 전철보다 공간이나 무게 제약이 많은 전동자동차에 많이 사용됩니다.

네오디뮴 자석의 문제

영구자석 동기 모터에도 장단점이 있습니다. 삼상 농형 유도 모터보다 효율이 높고, 소형 경량화가 용이하여 전동자동차의 구동용 모터로 적합한 반면, **네오디뮴 자석**과 같은 고가의 영구자석을 사용하기 때문에 비용을 절감하기 어렵습니다.

여기서 소개한 네오디뮴 자석은 영구자석 동기 모터에 사용되는 대표적인 영구자석으로, 매우 강한 자기장을 발생시킬 수 있다는 장점이 있습니다. 하지만 자석 원료에 중국 등 일부 국가에 편재되어 있는 네오디뮴과 같은 **희소금속**이 포함되어 있어, **산출국 상황에 따라 수급이 어려워질 위험성이 있습니다.**

이 때문에 현재는 영구자석 동기 모터를 안정적으로 제조할 수 있도록 네오디뮴 자석을 대체할 수 있는, 희소금속 사용량이 적은 영구자석 개발이 진행되고 있습니다.

그림 5-13 동기 모터의 원리

(a) 원리

바깥쪽 자석이 회전하면
안쪽 자석도 같은 속도로 회전한다

(b) 기본 구조

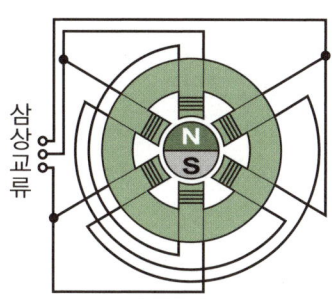

삼상교류

회전자가 회전 자계와 같은 속도로 회전한다

그림 5-14 영구자석 동기 모터의 구조

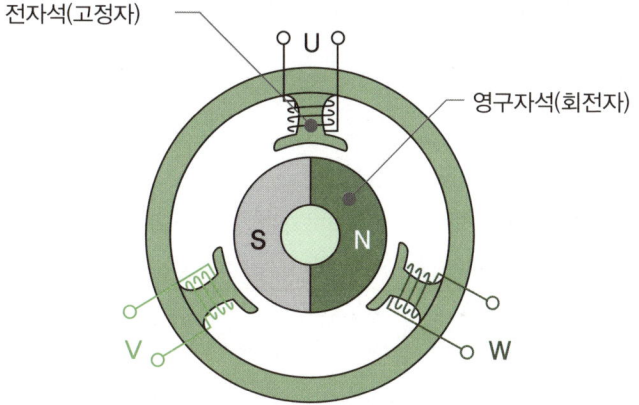

전자석(고정자)
영구자석(회전자)

U : U상 코일   V : V상 코일   W : W상 코일

Point
- ✔ 동기 모터의 회전자는 회전 자기장과 같은 속도로 회전한다.
- ✔ 전기(전동)자동차에는 영구자석 동기 모터가 사용된다.
- ✔ 네오디뮴 자석의 재료에는 네오디뮴과 같은 희소금속이 있어 수급이 어려워질 위험이 있다.

5-8 차동장치, 스프링 하중량

›› 구동 모터③ 바퀴를 직접 돌리는 인휠 모터

바퀴에 설치된 모터

지금까지 모터가 회전하는 원리와 구조, 종류에 대해 설명했습니다. 이 장의 마지막으로 향후 전동자동차의 가능성을 넓힐 수 있는 인휠 모터를 소개하겠습니다.

인휠 모터는 3-2에서도 소개한 것처럼 **바퀴(휠) 안쪽에 넣을 수 있는 모터**입니다(그림 5-15). 모터의 동력은 바퀴에 직접 또는 기어를 통해 전달됩니다.

전동자동차에 인휠 모터를 도입하면 크게 네 가지 장점이 있습니다(그림 5-16). 또한 기존 가솔린 자동차에서는 좌우 바퀴의 회전 속도 차이를 흡수하는 **차동장치**Differential Gear가 필요했는데, 인휠 모터를 도입하면 네 바퀴의 회전 속도와 토크를 개별적으로 바꿀 수 있게 되어 차동장치나 구동축(바퀴에 동력을 전달하는 추진축)이 불필요해지고 **지금까지는 실현할 수 없었던 주행이 가능해집니다**.

인휠 모터의 남은 과제

그러나 자동차에 인휠 모터를 도입하면, **여러 가지 문제가 발생합니다**. 그 대표적인 사례를 몇 가지 살펴보면 다음과 같습니다.

우선, 바퀴 내부 공간의 제약으로 고출력화가 어렵고, 바퀴에서 직접 충격과 진동을 받기 때문에 구조를 견고하게 만들어야 합니다. 또한, 바퀴 무게가 늘어나면서 **스프링 하중량**(Unsprung Mass, 스프링보다 바퀴 쪽에 있는 부품의 총 중량)의 증가로 차체에 전달되는 진동과 충격이 커져 승차감이 나빠지는 등의 문제도 발생합니다.

현재 이러한 문제를 해결하기 위해 자동차 제조사 및 전장 업체들이 연구 개발을 진행하고 있습니다.

그림 5-15 인휠 모터의 예

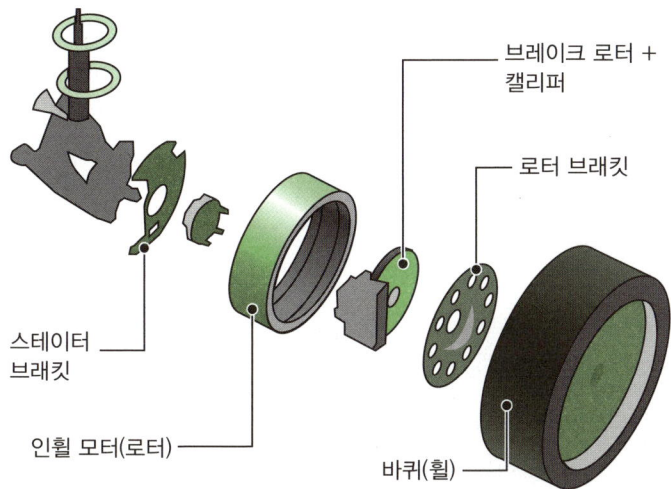

- 브레이크 로터 + 캘리퍼
- 로터 브래킷
- 스테이터 브래킷
- 인휠 모터(로터)
- 바퀴(휠)

바퀴(휠) 안쪽에 모터의 부품이 수납된다

출처: 미쓰비시 자동차 보도자료 "미쓰비시 자동차, 신형 인휠 모터를 4륜에 탑재한 실험차 '랜서 에볼루션 MIEV'로 '시코쿠 EV 랠리 2005'에 출전"를 바탕으로 작성
(URL: https://www.mitsubishi-motors.com/jp/corporate/pressrelease/corporate/detail1321.html)

그림 5-16 인휠 모터 도입으로 얻을 수 있는 네 가지 장점

❶ 설계의 자유도가 높아진다
❷ 동력 전달의 효율이 높아진다
❸ 구동 바퀴를 늘리기 쉬워진다
❹ 바퀴의 조타각이 넓어진다

Point
- ✔ 인휠 모터는 바퀴에 내장하는 모터이다.
- ✔ 인휠 모터의 도입으로 설계의 자유도가 높아진다.
- ✔ 인휠 모터는 극복해야 할 여러 가지 과제가 있다.

> 해보자　가전제품에서 사용되는 인버터를 조사해 보자

한때 TV 가전제품 광고에서 '인버터'라는 단어가 반복적으로 나오던 시절이 있었습니다. 당시는 세탁기, 냉장고, 에어컨과 같이 모터로 작동하는 가전제품에 인버터가 본격적으로 도입되던 시기였고, 그 점이 큰 세일즈 포인트로 작용했습니다. 가전제품에 인버터가 도입되기 전에는 교류 모터를 원활하게 제어하기 어려워서 회전 속도를 단계적으로 바꿔 가며 사용했습니다. 예를 들어, 선풍기나 건조기 등은 일부 기종을 제외하고는 지금도 스위치를 이용해서 풍량을 단계적으로 전환하는 방식으로 되어 있습니다.

그 후, 가전제품에 인버터가 도입되면서 교류 모터를 원활하게 제어할 수 있게 됐을 뿐만 아니라 교류 모터의 소형 경량화와 에너지 절약을 실현할 수 있게 됐습니다. 이는 가전제품 분야에서 커다란 변혁이었기 때문에 광고에 '인버터'라는 단어가 많이 사용됐습니다. 요즘은 가전제품 광고에서 인버터라는 단어를 볼 기회가 줄었는데, 가전제품에 인버터를 도입하는 것이 이제 당연한 일이 됐기 때문입니다.

그렇다면 어떤 가전제품에 인버터가 사용되고 있을까요? 각자 조사해 보세요. 아마 위에서 언급한 세탁기, 냉장고, 에어컨뿐만 아니라 다른 많은 제품에서도 사용되고 있다는 것을 알게 될 것입니다.

인버터를 도입한 세탁기. 조건에 따라 교류 모터의 토크와 회전 속도를 부드럽게 제어한다

Chapter

6

주행 제어

'가속' '제동' 제어

Electric Vehicle

6-1 파워 컨트롤 유닛, 파워 일렉트로닉스 기술

》 주행을 컨트롤하는 제어 기술

자동차에 요구되는 세 가지 운동 성능

자동차가 안전하게 주행하기 위해서는 '가속', '선회', '제동'이라는 세 가지 기본적인 운동 성능을 확보해야 합니다(그림 6-1). **전기자동차는 가솔린 자동차와 동력원이 다르고**, 주행을 통제하는 제어 메커니즘이 근본적으로 다르기 때문에, 가솔린 자동차와 비교해 이 세 가지 운동 성능에 차이가 있습니다.

따라서 이 장에서는 현재 전기자동차에 필수적인 **파워 컨트롤 유닛**(PCU)의 원리를 소개한 후, 전기자동차의 '가속'과 '제동'의 운동 성능이 높아진 이유를 설명합니다. '선회'에 대해서는 9-2에서 따로 설명합니다.

파워 컨트롤 유닛의 역할

3장에서 설명한 것처럼 전기자동차는 가솔린 자동차보다 더 긴 역사를 가지고 있습니다. 하지만, 초기 전기자동차는 정류자가 있어서 유지 보수가 번거로운 직류 모터로 구동되는 구조였고, 당시에는 교류 모터를 제어하는 기술이나 회생 브레이크를 실현하기 위한 전력변환 기술이 없어 회생 브레이크도 사용할 수 없었습니다.

그런데, 1970년대부터는 **파워 일렉트로닉스 기술**의 발전으로 다양한 전력변환이 가능해졌고, **교류 모터 제어나 회생 브레이크 도입을 가능하게 해 주는** 파워 컨트롤 유닛이 개발되기 시작했습니다.

현재 전기자동차에서 사용되는 파워 컨트롤 유닛은 출발 및 가속 시에는 직류를 삼상교류로, 감속 시에는 삼상교류를 직류로 변환합니다(그림 6-2). 어떻게 이런 전력변환이 가능할까요? 다음 절에서는 그 비밀을 파헤쳐 보겠습니다.

| 그림 6-1 | 자동차에 요구되는 기본적인 세 가지 운동 성능 |

전기자동차와 가솔린 자동차는 동력원이 다르기 때문에,
'가속', '제동'을 구현하는 메커니즘이 근본적으로 다르다.

| 그림 6-2 | 전기자동차에서 파워 컨트롤 유닛이 하는 일 |

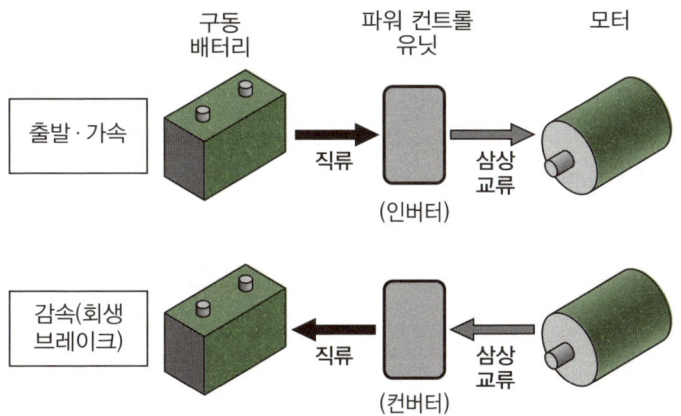

- 출발·가속 시(역행 시)는 인버터가 작동하여 모터를 제어한다.
- 감속 시는 모터가 발전한 전기를 컨버터가 직류로 변환하여 구동 배터리에 충전한다.

Point
- ✓ 전기자동차는 가솔린 자동차와 동력원이 근본적으로 다르다.
- ✓ 현재 전기자동차는 교류 모터로 구동하며 회생 브레이크를 사용할 수 있다.
- ✓ 그 배경에는 파워 일렉트로닉스 기술의 발전이 있다.

6-1 주행을 컨트롤하는 제어 기술

6-2 컨버터, 인버터, 전력반도체, 제어 회로

》 모터 제어의 핵심 전력반도체

전력변환기 - 컨버터와 인버터

파워 컨트롤 유닛에는 **컨버터**나 **인버터**라는 변환기가 있습니다(그림 6-3). 컨버터는 변환기 전반을 가리키며 교류(AC)를 직류(DC)로 변환하는 것을 'AC-DC 컨버터', 직류를 직류로 변환하는 것을 'DC-DC 컨버터', 교류를 교류로 변환하는 것을 'AC-AC 컨버터'라고 부릅니다. 인버터는 직류를 교류로 변환하는 장치로 'DC-AC 컨버터'라고도 합니다.

고속으로 온-오프를 반복하는 전력반도체

컨버터나 인버터가 이렇게 전력을 변환할 수 있는 것은 고성능 **전력반도체**가 개발된 덕분입니다. 여기서 말하는 전력반도체는 입력된 신호에 따라 전류를 온-오프하는 반도체 소자로, 1초에 500회 이상이라는 일반 기계식 스위치로는 불가능한 빠른 속도로 온-오프할 수 있습니다.

파워 컨트롤 유닛의 구성

전기자동차의 파워 컨트롤 유닛은 주로 인버터와 **제어 회로**, 그리고 필요에 따라 추가되는 DC-DC 컨버터로 구성됩니다(그림 6-4). 또한, 회생 브레이크 사용 시에는 인버터가 AC-DC 컨버터로 작동하여 삼상교류를 직류로 변환합니다.

제어 회로는 입력된 운전 명령(운전자가 조작하는 액셀 페달이나 브레이크 페달 등에서 보내는 신호) 및 감지된 전압, 전류, 속도, 위치에 따라 게이트 신호를 출력합니다. **인버터는 이 게이트 신호에 따라 모터를 제어합니다.**

그림 6-3　컨버터와 인버터

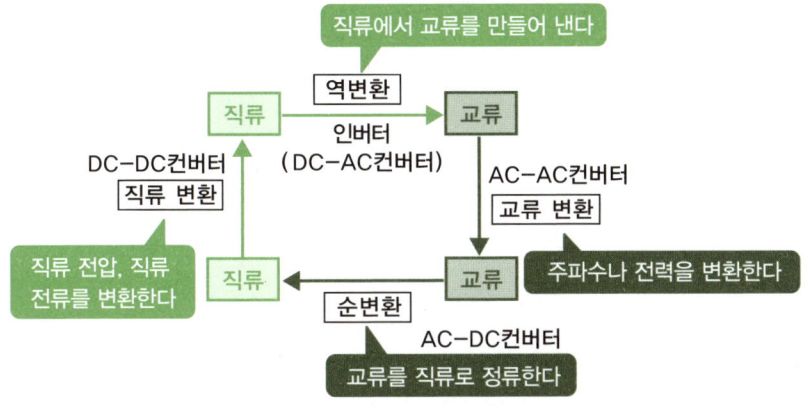

변환하는 전기의 종류에 따라 명칭이 달라진다

그림 6-4　파워 컨트롤 유닛의 구성 예

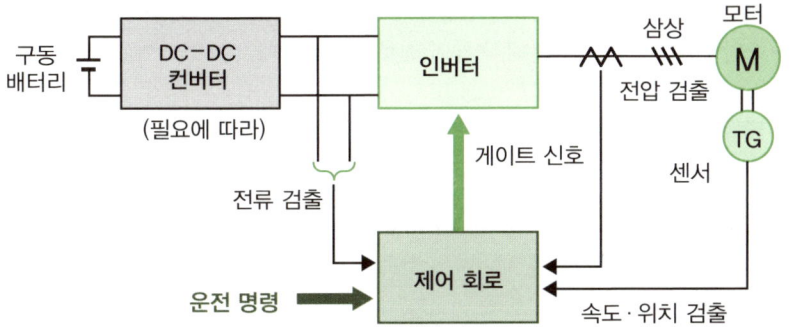

※이 그림의 인버터는 PWM 인버터이다

- 인버터는 제어 회로에서 전송된 게이트 신호에 따라 모터를 제어한다
- 회생 브레이크 사용 시 인버터는 'AC-DC 컨버터'로 작동하며 삼상교류를 직류로 변환한다

Point
- ✔ 파워 컨트롤 유닛에는 컨버터와 인버터가 있다.
- ✔ 컨버터와 인버터에는 전력반도체가 사용된다.
- ✔ 전기자동차의 모터를 직접 제어하는 것은 인버터이다.

6-3 초퍼 제어, PWM 제어

》 전력변환원리① 직류 전압을 변환한다

DC-DC 컨버터로 직류 전압을 제어한다

전기자동차의 파워 컨트롤 유닛에서 사용되는 'DC-DC 컨버터'는 전력반도체를 사용하여 직류 전압을 제어합니다. 이 절에서는 그 원리를 보여 주기 위해 **초퍼 제어**와 **PWM 제어**를 각각 설명합니다.

직류 전압을 변화시키는 초퍼 제어

초퍼 제어는 **전력반도체를 사용하여 직류의 전압을 변화시키는 제어**입니다(그림 6-5). 초퍼^{Chopper}는 '잘게 자르는 것'을 의미합니다.

전력반도체가 켜져 있을 때는 전압이 일정하게 유지되는 반면, 꺼지는 시간을 50%로 하여 켜고 끄길 반복하면 전압의 평균값이 직류 전원 전압의 50%가 됩니다. 또한, 초퍼 제어는 여기서 소개한 것처럼 전압을 낮추는(강압하는) 것뿐만 아니라 전압을 높이는(승압하는) 것도 있는데, 각각 제어 회로가 다릅니다.

펄스 폭을 조절하는 PWM 제어

PWM 제어는 초퍼 제어에서 자주 사용되는 제어 방식입니다. PWM은 Pulse Width Modulation의 약자로, 펄스(Pulse: 구형파$^{Square\ Wave}$)의 폭^{Width}을 변화시켜 출력되는 전압의 평균값을 제어하는 것을 의미합니다(그림 6-6).

초퍼 제어에서 한 세트의 온-오프 시간을 '스위칭 주기'라 하고, 이에 대해 스위칭 소자가 켜져 있는 시간(ON 타임)의 비율을 '듀티비$^{Duty\ Ratio}$'라고 합니다. **듀티비를 작게 하면 펄스 폭이 좁아지고, 출력되는 전압의 평균값이 작아집니다.**

그림 6-5 초퍼 제어의 원리

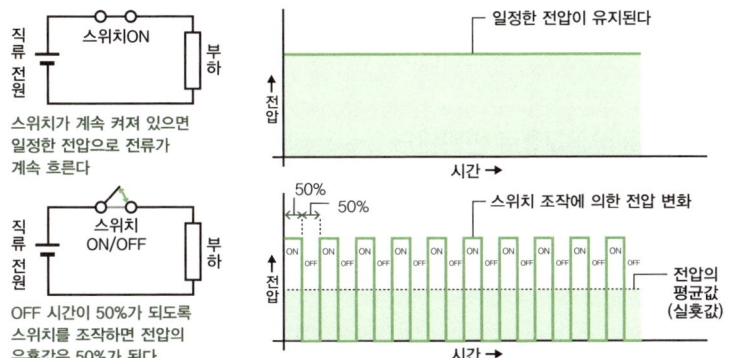

전력반도체를 이용해 직류 전류를 고속으로 잘게 쪼개어 전압의 평균값을 변화시킨다

그림 6-6 PWM 제어의 원리

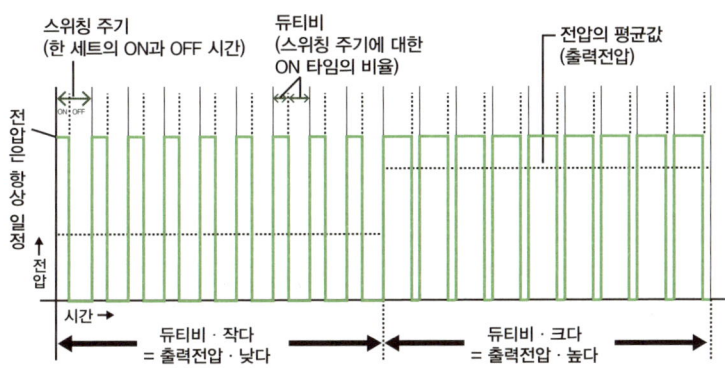

스위칭 주기를 일정하게 하고 듀티비를 작게 하면 출력되는 전압의 평균값이 작아진다

출처: 아카츠 칸 감수 "사상최강 컬러도해 최신 모터 기술의 모든 것을 알 수 있는 책" (나츠메샤)의 그림 D1-2-1을 기반으로 작성

Point
- ✓ DC-DC 컨버터에는 초퍼 제어와 PWM 제어가 사용된다.
- ✓ 초퍼 제어와 PWM 제어는 전력반도체를 사용한다.
- ✓ PWM 제어는 듀티비를 변경하여 전압의 평균값을 제어한다.

6-4 사인파, 가변전압 가변주파수 제어

≫ 전력변환원리② 직류를 삼상교류로 변환한다

인버터로 직류를 삼상교류로 변환한다

전기자동차의 파워 컨트롤 유닛에 사용되는 인버터는 전력반도체를 이용해 직류를 삼상교류로 변환하고, 그 전압과 주파수를 변화시켜 모터의 회전 속도와 출력을 제어합니다. 이 절에서는 그 원리를 설명합니다.

전력반도체로 사인파를 만든다

앞 절에서 소개한 PWM 제어를 응용하면 직류를 교류로 변환할 수 있습니다(그림 6-7). 스위칭 주기를 일정하게 하고 듀티비(ON 타임의 비율)를 연속적으로 변화시키면, 출력되는 전압의 변화가 유사 **사인파**(정현파)를 그리게 됩니다. 또한, 스위칭 주기를 짧게 하면 파형이 매끄러워져 교류의 사인파에 가까워집니다. 이를 응용하면, 위상이 120도씩 어긋난 유사 삼상교류를 만들 수 있습니다.

인버터로 모터를 제어한다

전기자동차에서는 구동 배터리에서 공급되는 직류를 인버터에서 삼상교류로 변환해 모터로 보냅니다. 즉, 6개(2레벨의 경우)의 전력반도체를 각각 온-오프하여 전압 변화를 가상의 사인 곡선을 그리는 삼상교류를 만들어 모터에 입력하는 것입니다(그림 6-8). 인버터는 스위칭 주기와 듀티비를 변경함으로써 출력하는 **삼상교류의 전압과 주파수를 변화시켜 모터의 회전 속도와 출력을 제어합니다**. 이러한 제어는 **가변전압 가변주파수(VVVF) 제어**라고 불리며 전철에서도 사용되고 있습니다.

| 그림 6-7 | PWM 제어로 직류를 교류로 변환하는 원리 |

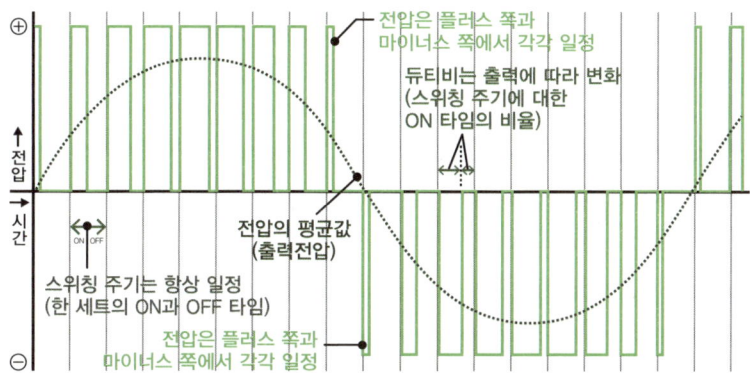

**듀티비를 변화시키면 출력되는 전압의 평균값이
사인파(정현파)를 그린다**

출처: 아카츠 칸 감수 "사상최강 컬러도해 최신 모터 기술의 모든 것을 알 수 있는 책"
(나츠메샤)의 그림 D2-2-4를 기반으로 작성

| 그림 6-8 | 인버터로 삼상교류 모터를 제어하는 구조 |

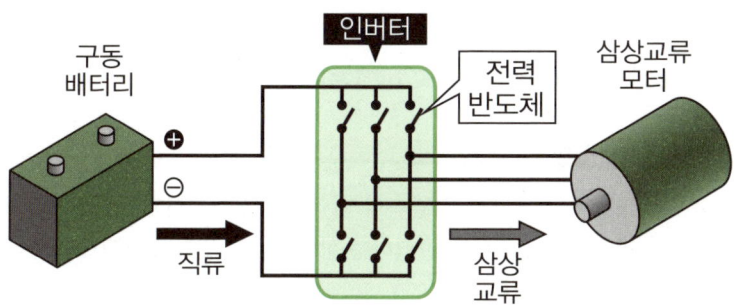

**인버터 내부에는 6개(2레벨의 경우)의 전력반도체가 있으며,
각각 온-오프를 반복해 유사 삼상교류를 만들고 이를 삼상교류 모터에 공급한다**

Point
- ✔ PWM 제어를 적용하면 직류를 삼상교류로 변환할 수 있다.
- ✔ 인버터가 출력하는 삼상교류의 전압은 유사 사인파를 그린다.
- ✔ 삼상교류의 전압과 주파수를 바꾸면 모터의 회전을 제어할 수 있다.

6-5 Si-IGBT, SiC-MOSFET, 전자기 소음

》 고속으로 온-오프하는 전력반도체

전력반도체는 몇 가지 종류가 있다

고속으로 온-오프하는 **전력반도체**에는 몇 가지 종류가 있습니다.

현재 전기자동차의 파워 컨트롤 유닛에 많이 사용되는 전력반도체는 Si(실리콘)를 재료로 하는 IGBT(절연 게이트형 바이폴라 트랜지스터), 즉 **Si-IGBT**입니다(그림 6-9). 그러나 Si-IGBT는 스위칭 손실(턴오프 손실)이 크고 동작 주파수(온-오프하는 주파수)가 낮다는 약점이 있습니다(그림 6-10).

그래서 현재 Si-IGBT를 대체할 전력반도체로 SiC(실리콘 카바이드)를 재료로 하는 MOSFET(금속산화막 반도체 전계효과 트랜지스터), 즉 **SiC-MOSFET**의 도입이 진행되고 있습니다. SiC-MOSFET은 Si-IGBT보다 스위칭 손실이 작아 **냉각기를 소형화**할 수 있을 뿐만 아니라, 동작 주파수가 높아 **수동 부품을 소형화**할 수 있는 장점이 있습니다. 또한, Si를 재료로 하는 MOSFET(Si-MOSFET)보다 칩 면적이 작아 소형 패키지에 장착할 수 있고, 리커버리 손실$^{Recovery\ Loss}$이 매우 적다는 장점도 있습니다. 이 때문에 장치 소형화와 소비 전력 감소에 의한 주행 거리 연장을 목표로 전기자동차용 SiC-MOSFET의 개발이 진행되고 있습니다.

'위잉'하는 소리의 정체

1-4에서는 전기자동차가 가속 또는 감속할 때 '위잉' 하는 **전자기 소음**이 발생한다고 언급했습니다. 이 소리는 인버터가 출력하는 삼상교류에 포함된 노이즈로 인해 모터 등이 진동하며 발생하는 것입니다.

하지만, 최근에 출시되는 전기자동차에서는 전자기 소음이 눈에 띄게 줄었습니다. 이는 전력반도체의 동작 주파수가 향상되고 노이즈 필터 성능이 개선되는 등 노이즈를 줄이기 위한 개량이 진행된 덕분입니다.

그림 6-9 Si 반도체와 SiC 반도체

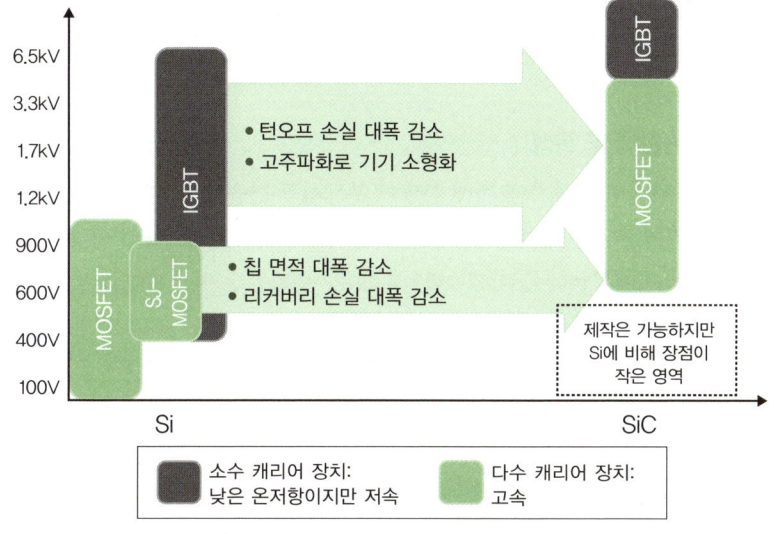

현재의 전기자동차는 Si-IGBT를 많이 사용하고 있다

출처: ROHM Web 사이트 SiC-MOSFET을 바탕으로 작성
(URL: https://www.rohm.co.jp/electronics-basics/sic/sic_what3)

그림 6-10 Si-IGBT와 SiC-MOSFET 비교

전력반도체	스위칭 손실	동작주파수
Si-IGBT	크다	낮다
SiC-MOSFET	작다	높다

현재는 SiC-MOSFET의 저비용화가 과제가 됐다

Point
- ✔ 고속으로 온-오프하는 전력반도체에는 몇 가지 종류가 있다.
- ✔ 현재 전기자동차에서는 전력반도체로 주로 Si-IGBT가 사용된다.
- ✔ SiC-MOSFET은 냉각기 및 수동 부품의 소형화를 실현할 수 있다.

6-6 토크 특성

≫ 주행① 부드러운 출발과 가속

모터로만 가능한 주행 특성

전기자동차는 가솔린 자동차에 비해 출발이 부드럽고 변속 충격 없이 부드럽게 가속합니다. 이는 엔진과 모터의 **토크 특성**이 근본적으로 다르기 때문입니다(그림 6-11). 엔진의 토크는 정지 시에는 0이고, 회전 속도가 높아질수록 커지다가 일정 속도에서 감소합니다. 또한, 가솔린 자동차에서는 주행 속도와 엔진의 토크 특성에 맞춰 변속기의 기어비를 단계적으로 변경하며 바퀴에 동력을 전달하기 때문에, 변속 충격이 발생합니다(일부 AT 차량 제외).

반면에 모터의 토크는 정지 시 최대(이론적으로는 무한대)가 됩니다. 다만, 실제로는 모터 고장을 방지하기 위해 전류를 일정하게 제어하기 때문에, 저속으로 회전할 땐 토크가 일정하게 유지됩니다. 또한 현재는 제어 기술이 발달해 출발부터 고속 주행까지 연속으로 모터를 제어할 수 있어, 넓은 속도 영역에서 필요한 출력을 낼 수 있습니다. 이 때문에 전기자동차는 변속기가 필요 없고, 부드럽게 출발하고 가속할 수 있습니다.

액셀 페달을 밟고 나서 토크가 변하기까지 걸리는 시간(응답 시간)은 엔진은 약 100밀리초, 모터는 약 1밀리초 정도입니다.

어떻게 모터는 조용하게 회전하는가?

전기자동차는 가솔린 자동차와 비교했을 때 주행 시 발생하는 소음이 작고, 차체에 전달되는 진동도 작아 정숙합니다. 이는 모터가 앞서 언급한 전자기 소음을 제외하면 기본적으로 **조용하게 회전하고 진동을 거의 발생시키지 않기 때문**입니다.

가솔린 자동차의 구동원인 엔진은 내부에서 연료를 태울 때 발생하는 급격한 체적 팽창을 이용해 피스톤이 왕복 운동을 하므로, 작동 시 소음과 진동이 발생할 수밖에 없습니다(그림 6-12). 반면, 모터는 작동할 때 회전축이 돌아가는 것 외에 다른 기계적 움직임이 없으므로, 전자기 소음을 제외하고는 소음이나 진동이 거의 발생하지 않습니다.

| 그림 6-11 | 엔진과 모터의 토크 특성과 자동차의 구동 성능 |

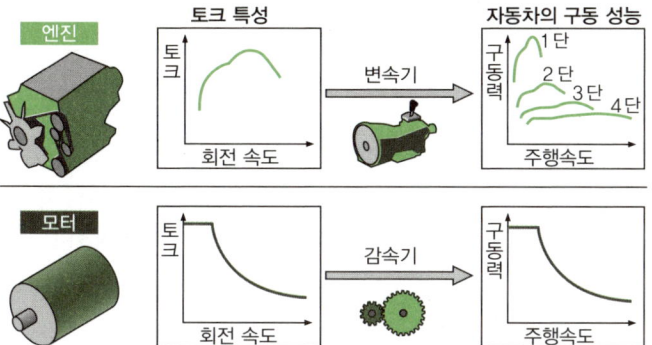

모터는 변속기가 필요없으므로 부드럽게 회전 속도를 올릴 수 있다

출처: 히로타 유키츠구·오가사와라 사토시 편저, 후나토 히로히토·미하라 테루요시·데구치 요시타카·
하츠타 타다유키 저 "전기자동차공학(제3판)"(모리키타출판)의 그림 3-9를 바탕으로 작성

| 그림 6-12 | 가솔린을 연료로 하는 4사이클 왕복엔진의 동작 원리 |

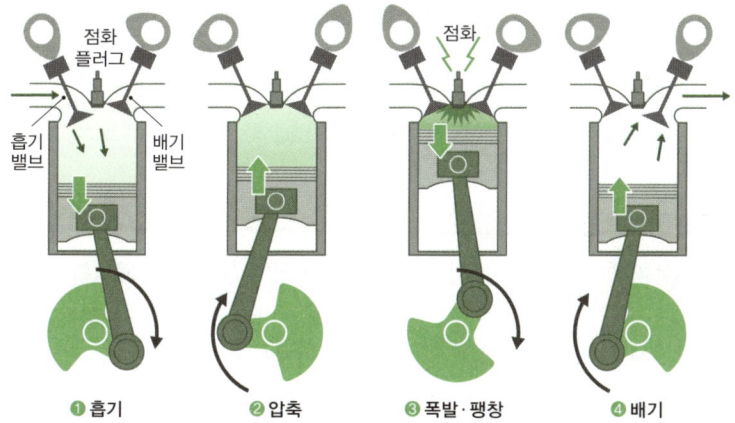

❶ 흡기　　❷ 압축　　❸ 폭발·팽창　　❹ 배기

**작동 시 실린더 내부에서 폭발이 연속으로 발생하고,
피스톤이 왕복 운동을 하기 때문에 큰 소리와 진동이 발생하기 쉽다**

Point
- ✓ 전기자동차는 가솔린 자동차보다 출발과 가속이 더 부드럽다.
- ✓ 두 자동차의 차이는 모터와 엔진의 토크 특성에 있다.
- ✓ 모터는 엔진처럼 소리와 진동을 내지 않고 회전한다.

6-6 주행① 부드러운 출발과 가속

6-7 인버터, 계자 약화 제어, 벡터 제어

≫ 주행② 인버터에 의한 모터 제어

모터를 제어하는 인버터

현재 전기자동차 구동에는 교류 모터의 일종인 삼상교류 모터와 이를 제어하는 **인버터**가 사용됩니다. 전기자동차에서 주로 사용되는 인버터는 '전압형'이라 불리는 것으로, 출력하는 삼상교류의 전압과 주파수를 연속적으로 변경하여 모터의 토크와 회전 속도를 변화시키는 구조로 되어 있습니다(그림 6-13).

고속 주행 시 출력을 높이는 계자 약화 제어

모터의 토크는 회전 속도가 0에서 특정 속도(기저 속도)까지는 일정하도록 제어됩니다(그림 6-14). 반면 기저 속도 이상에서는 회전 속도가 올라가면 토크가 낮아지기 때문에, 고속 주행 중에 충분한 구동력을 얻기가 어려워집니다.

이 문제를 해결한 것이 **계자 약화 제어**Field Weakening Control입니다. 이는 회전 속도가 증가하면 계자 자속이 반비례하여 감소하도록 제어하여 넓은 속도 영역에서 출력을 일정하게 하는 기술로, 전기자동차가 주행할 수 있는 속도 범위를 넓혀 주는 역할을 합니다.

응답성을 높이는 벡터 제어

현재 전기자동차에서는 가속 및 감속 응답성을 높이기 위해 **벡터 제어**를 사용합니다(그림 6-15). 여기서 말하는 벡터 제어는 **구동에 사용하는 삼상교류 모터의 운전 상황을 파악하면서 그에 맞게 전압과 주파수를 제어하는 것**을 의미하며, 전기자동차를 포함한 전동자동차 외에도 인버터 제어를 도입한 전철에서도 사용됩니다.

| 그림 6-13 | 인버터의 구조 |

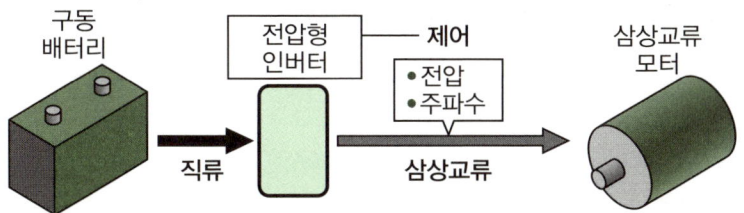

전압형 인버터는 삼상교류의 전압과 주파수를 변경하여 모터를 제어한다

| 그림 6-14 | 제어할 교류 모터의 토크와 출력의 관계 |

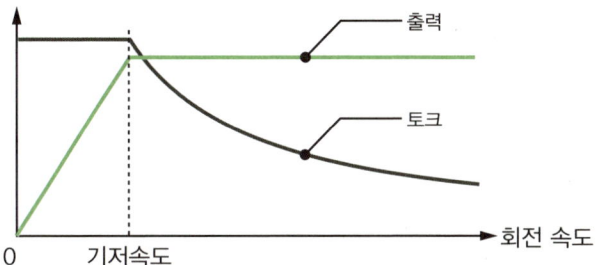

직류 모터를 제어하면 폭 넓은 속도 영역에서 일정한 출력을 낼 수 있다

| 그림 6-15 | 교류 모터의 응답성을 높이는 벡터 제어 |

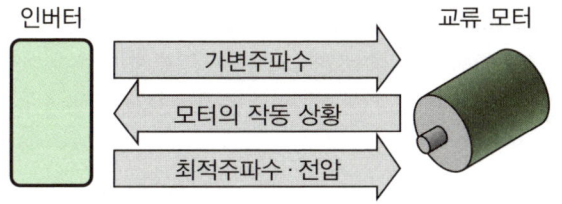

교류 모터의 작동 상황을 확인하면서 주파수와 전압을 최적화한다

출처: 야스카와전기 "인버터의 종류와 특징"을 바탕으로 작성(URL: https://www.yaskawa.co.jp/product/inverter/type)

Point
- ✔ 전기자동차의 출발과 가속은 인버터가 전기적으로 제어한다.
- ✔ 인버터는 모터의 출력과 회전 속도를 제어한다.
- ✔ 벡터 제어를 도입함으로써 교류 모터의 고정밀 제어가 가능해졌다.

6-8 유압 브레이크, 회생 브레이크

≫ 제동① 브레이크의 종류

두 종류의 제동 방식

전기자동차에서는 주차 브레이크를 제외하면, **유압 브레이크**와 **회생 브레이크** 두 종류의 제동 방식을 사용합니다(그림 6-16). 운전자가 브레이크 페달을 밟으면 이 두 브레이크에 의해 제동력이 발생합니다.

에너지를 버리는 유압 브레이크

유압 브레이크는 이름 그대로 유압을 이용해 브레이크 슈$^{Brake\ shoe}$나 브레이크 패드로 회전 부분(드럼이나 디스크)을 누르고, **마찰을 이용해 열을 발생시키면서 제동력을 얻습니다**(그림 6-17). 즉, 자동차의 운동 에너지를 열 에너지로 변환하여 대기 중으로 방출해 소비(버림)함으로써 제동력을 얻는 것입니다. 유압 브레이크는 전기자동차뿐만 아니라 가솔린 자동차에서도 사용됩니다.

에너지를 재활용하는 회생 브레이크

회생 브레이크는 **모터를 발전기로 이용하여 제동력을 얻습니다**(그림 6-18). 자동차의 모터가 전기를 생산하면, 그 전기는 구동 배터리에 저장됩니다. 즉, 자동차의 운동 에너지 일부를 모터에서 전기 에너지로 변환하고, 구동 배터리에서 화학 에너지로 다시 변환하여 에너지를 회수하는 것입니다. 이렇게 구동 배터리에 저장된 전력은 자동차가 출발하거나 가속할 때 재활용할 수 있으므로 주행 중 소비되는 에너지를 절약할 수 있습니다.

회생 브레이크는 현재 모터로 구동하는 모든 전동자동차에서 사용되고 있습니다. 하이브리드 자동차가 가솔린 자동차보다 연비가 좋은 이유는 회생 브레이크를 사용하여 에너지 효율을 높였기 때문입니다.

그림 6-16 유압 브레이크와 회생 브레이크

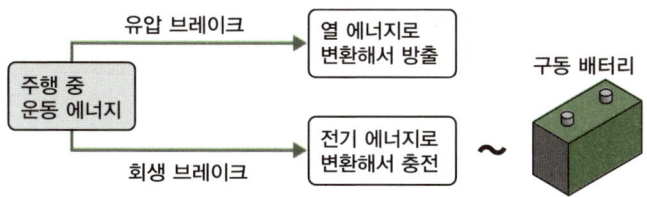

- 유압 브레이크는 운동 에너지를 열 에너지로 변환하여 방출한다
- 회생 브레이크는 운동 에너지의 일부를 전기 에너지로 변환하여 구동 배터리에 충전한다

그림 6-17 유압 브레이크의 종류

두 가지 모두 유압을 사용해 회전 부분을 부품으로 눌러 마찰시키고 제동력을 얻는다

출처: 모리모토 마사유키 "전기자동차(제2판)"(모리키타출판사)의 그림 10.6을 바탕으로 작성

그림 6-18 회생 브레이크의 종류

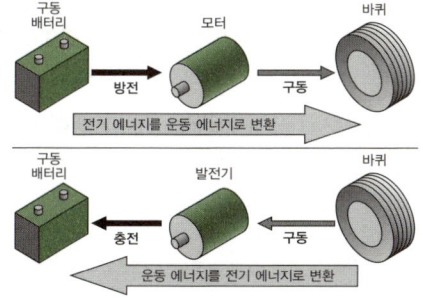

- 모터를 발전기로 사용하여 제동력을 얻는다
- 유압 브레이크에서 버리던 운동 에너지 일부를 회수할 수 있어, 자동차 전체의 에너지 효율이 올라간다

Point

✔ 전기자동차의 브레이크에는 유압 브레이크와 회생 브레이크가 있다.

✔ 유압 브레이크는 마찰을 이용해서 제동력을 얻는다.

✔ 회생 브레이크는 모터를 발전기로 이용해서 제동력을 얻는다.

6-9 회생 협조 브레이크

≫ 제동② 협조 브레이크

회생 브레이크의 약점
전기자동차의 주행 거리를 늘리기 위해서는 가급적 유압 브레이크를 사용하지 않고 회생 브레이크로만 감속하는 것이 바람직합니다. 전기자동차의 운동 에너지를 효율적으로 회수할 수 있고, 구동 배터리에 충전한 전력을 보다 효율적으로 사용할 수 있기 때문입니다.

하지만 실제로는 **회생 브레이크만으로 필요한 제동력을 항상 얻을 수 있는 것은 아니기에** 회생 브레이크로만 감속하기 어려운 경우가 있습니다.

회생 브레이크의 제동력이 부족해지는 경우는 크게 세 가지가 있습니다(그림 6-19). 구동 배터리가 완충에 가까워 더 이상 충전이 어려울 때, 멈추기 직전과 같은 극저속으로 주행할 때, 그리고 급제동처럼 큰 제동력이 필요할 때입니다.

두 방식을 결합한 회생 협조 브레이크
따라서 전기자동차를 멈출 때는 **회생 브레이크와 유압 브레이크를 병용하여 서로 협조**하게 해서 양자의 제동력을 합한 종합 제동력을 높여야 합니다(그림 6-20). 이러한 브레이크를 **회생 협조 브레이크**라고 합니다.

전기자동차에서는 회생 협조 브레이크로 회생 브레이크를 우선적으로 사용하면서 부족한 제동력을 유압 브레이크로 보충합니다. 운전자가 주행 중 브레이크 페달을 밟으면 우선 회생 브레이크만 작동하다가 중간부터 유압 브레이크를 병행해 필요한 종합 제동력을 높입니다. 정지 직전에는 회생 제동력이 떨어지므로 유압 브레이크만으로 감속하여 전기자동차를 정차시킵니다.

그림 6-19 회생 브레이크의 제동력이 부족해지는 세 가지 경우

구동 배터리가
완충에 가까운
상태일 때

정차 직전의
극저속으로
주행할 때

큰 제동력이
필요할 때

그림 6-20 회생 브레이크와 유압 브레이크를 협조시키는 회생 협조 브레이크

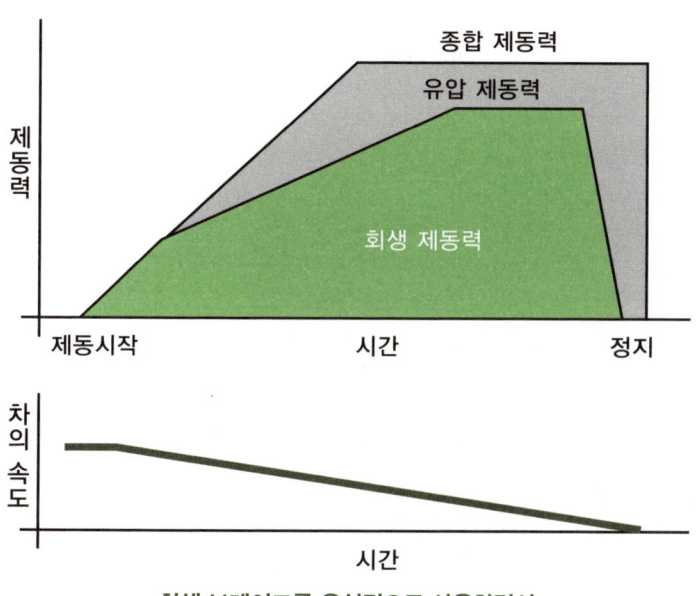

회생 브레이크를 우선적으로 사용하면서
유압 브레이크의 지원을 받아 종합 제동력을 크게 한다

출처: 모리모토 마사유키 "전기자동차(제2판)"(모리키타출판사)의 그림 10.8을 바탕으로 작성

Point
- ✔ 전기자동차에서는 회생 브레이크를 우선적으로 사용하는 것이 바람직하다.
- ✔ 회생 브레이크만으로는 충분한 제동력을 얻지 못할 수 있다.
- ✔ 회생 협조 브레이크는 회생 브레이크와 유압 브레이크를 함께 사용하는 것이다.

> **해보자** ● 전력 소비와 회생을 의식하며 운전해 보자 ●

전기자동차의 주행 거리는 운전 방법에 따라 달라집니다. 급가속과 급감속을 피하고 속도 변화를 완만하게 하면, 소비 전력이 줄어들고 회생 브레이크를 통해 더 많은 에너지를 회수할 수 있습니다.

전기자동차에는 대부분 에너지 모니터가 있어, 주행 중 소비 전력과 회생 전력이 표시됩니다. 예를 들어 1장에서 소개한 닛산의 리프 2세대 모델의 경우, 속도계 왼쪽에 에너지 모니터가 표시됩니다. 원형 계기판에 있는 흰 선은 소비 전력이 커질수록 오른쪽으로 회전하고, 회생 전력이 커질수록 왼쪽으로 회전합니다.

주행 거리를 늘리고 싶다면 이 흰 선의 움직임에 주목해서, 전력 소비와 회생을 의식하며 운전해 보세요. 가속할 때 흰 선이 최대한 오른쪽으로 회전하지 않도록 액셀 페달을 밟으면 소비 전력을 줄일 수 있습니다. 반면, 감속할 때는 흰 선이 최대한 왼쪽으로 회전하지 않도록 천천히 브레이크 페달을 밟으면 유압 브레이크의 힘을 많이 빌리지 않고 감속할 수 있어 더 많은 에너지를 회수할 수 있습니다.

에너지 모니터(닛산 '리프' 2세대)

※ 운전 시에는 도로 및 교통 상황에 따라 안전하고 원활한 통행을 우선시하세요.

Chapter 7

주행을 뒷받침하는 인프라

충전 인프라

Electric Vehicle

7-1 충전 인프라, 수소충전 인프라

▶ 전동자동차를 지원하는 인프라

자동차 대중화에 꼭 필요한 인프라

자동차가 대중화되기 위해서는 주유소 등의 인프라 구축이 반드시 필요합니다(그림 7-1). 이러한 인프라가 부족하면, 연료를 보충하거나 충전할 기회가 적어지고 자동차의 이동 범위가 제한되어 편의성이 떨어집니다. 이는 단순한 불편을 넘어서 자동차 보급 속도 자체를 늦추는 요인이 될 수 있습니다. 실제로 전기자동차의 경우에도 충전소 부족은 구매를 망설이게 하는 주요 요인 중 하나입니다.

충분한 인프라가 갖춰져야만 사용자들이 연료나 전력을 손쉽게 확보할 수 있고, 다양한 환경에서도 차량을 자유롭게 운행할 수 있습니다. 따라서 자동차 보급 확대를 위해서는 인프라 구축이 기술 개발만큼이나 핵심적인 요소라 할 수 있습니다.

전기자동차와 연료전지 자동차의 충전 인프라

전기자동차나 연료전지 자동차가 대중화되려면, 우선 에너지를 보급할 인프라를 정비할 필요가 있습니다. 즉, 전기자동차에 탑재된 구동 배터리를 충전하는 **충전 인프라**와 연료전지 자동차에 탑재된 수소 탱크에 압축 수소를 충전하는 **수소충전 인프라**를 많이 설치하여 전기나 수소를 보급할 수 있는 기회를 늘려야 합니다.

하지만 한국은 전기자동차나 수소자동차의 충전 인프라 정비가 아직 충분하지 않습니다. 2024년 6월 기준, 한국의 전기자동차 누적 등록 대수는 606,610대인 반면, 급속 충전기의 설치 대수는 40,961기로, 급속 충전기 1기당 약 14.8대의 전기자동차가 사용하고 있습니다(그림 7-2). 이는 충전 대기 시간이 길어지거나 충전 기회가 제한될 수 있는 상황을 의미합니다.

그림 7-1 자동차에 에너지를 공급하는 인프라

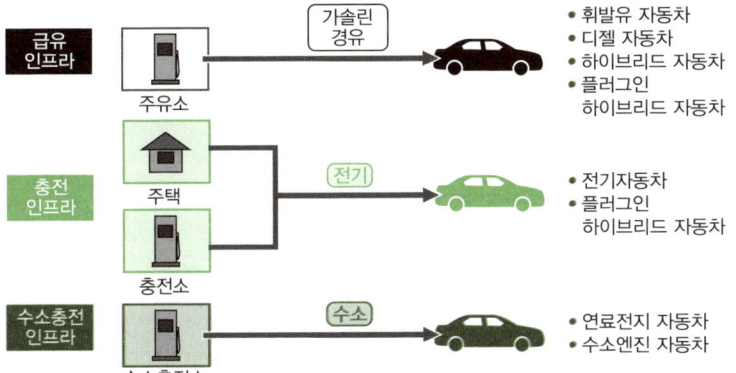

자동차의 편의성을 높이고 보급을 촉진하려면 인프라 구축이 필수적이다

그림 7-2 전기자동차 등록 대수와 급속 충전기 1기당 전기자동차 비율

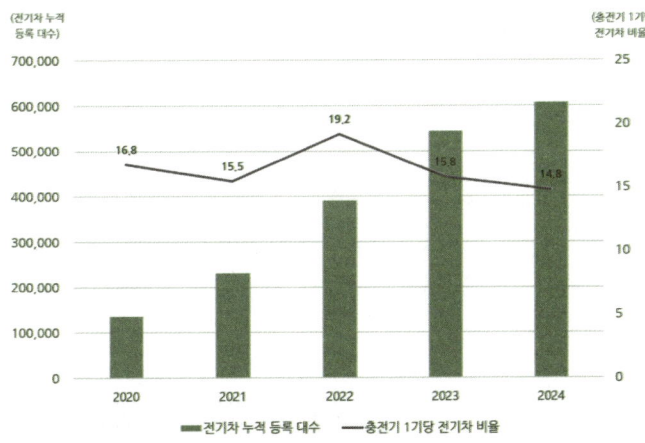

출처: 차지인포(URL: https://chargeinfo.ksga.org/front/statistics/evCs)

Point
- ✓ 자동차 보급을 위해서는 에너지를 보급하는 인프라 구축이 필수적이다.
- ✓ 한국은 전기자동차 충전 인프라를 확장하고는 있으나 아직 충분히 구축되지 않았다.

7-1 전동자동차를 지원하는 인프라

7-2 완속 충전, 급속 충전

≫ 전력공급① 완속 충전과 급속 충전

전력공급의 종류

전기자동차가 외부 전원에서 전력을 공급받아 충전하는 방식에는 몇 가지 종류가 있습니다(그림 7-3). 1-8에서는 전기자동차에 충전 플러그를 연결하여 구동 배터리를 충전하는 접촉 방식을 소개했는데, 그 밖에도 플러그를 사용하지 않는 비접촉 방식이나, 전철처럼 팬터그래프(집전장치)를 사용하여 외부로부터 전력을 공급받아 충전하는 방법이 있습니다.

완속 충전과 급속 충전

1장에서 설명한 것처럼 플러그를 사용하는 방법에는 **완속 충전**과 **급속 충전**이 있습니다(그림 7-4). 완속 충전은 가정에 공급되는 220V의 단상교류를 전기자동차에 전달하면, 차내 충전기 On-Board Charger에서 직류로 변환하여 구동 배터리를 충전하는 방식입니다. 급속 충전은 380V의 삼상교류를 전용 충전기(충전소)에서 직류로 변환한 후, 전기자동차에 전달해 구동 배터리를 직접 충전하는 방식입니다.

완속 충전은 공급 전력과 전압이 낮아 충전하는 데 시간이 오래 걸립니다. 그러나 일반 콘센트에서 공급되는 전기를 이용하므로 가정에서도 충전할 수 있다는 장점이 있습니다.

한편, 급속 충전은 외부에 설치된 전용 충전기를 이용해 고전압 고전력으로 충전하므로 짧은 시간에 충전할 수 있습니다. 하지만, 급속 충전을 반복하면 구동 배터리에 손상을 줄 수 있어 80% 이상 충전되지 않도록 되어 있습니다.

이 때문에 전기자동차는 평소에는 집 등에서 완속 충전을 하고, 외출 시 충전이 필요할 때 급속 충전을 하도록 설계되어 있습니다. 즉, **가솔린 자동차와는 에너지 보급의 개념이 근본적으로 다릅니다**.

그림 7-3 전기자동차가 외부에서 전력을 공급받는 방법

- 플러그 충전 : 완속 충전, 급속 충전
- 비접촉 충전
- 팬터그래프 집전

주로 플러그 충전이 사용되며
완속 충전과 급속 충전이 있다

그림 7-4 완속 충전과 급속 충전의 구조

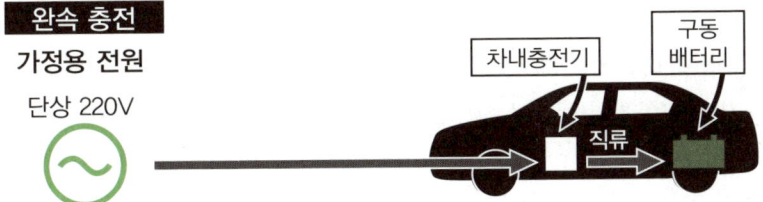

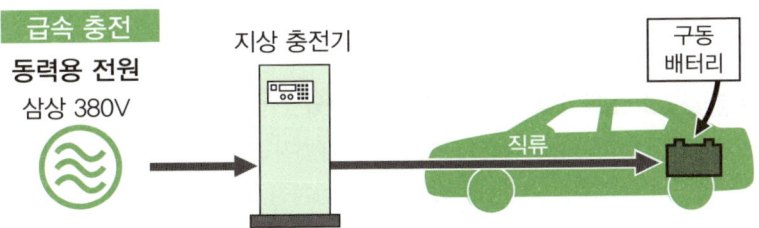

완속 충전은 단상교류를 보내고,
급속 충전은 단시간에 대용량의 직류 전류를 보낸다

Point
- ✔ 전기자동차를 충전하는 방법에는 몇 가지 종류가 있다.
- ✔ 플러그를 사용하는 플러그 충전에는 완속 충전과 급속 충전이 있다.
- ✔ 전기자동차는 가솔린 자동차와는 에너지 공급 개념이 다르다.

7-3 SCiB

≫ 전력공급② 왜 단시간에 충전할 수 없을까?

시간이 걸리는 전기자동차 충전

전기자동차를 충전하는 데는 시간이 오래 걸립니다(그림 7-5). 일반적으로 완속 충전은 6~12시간, 급속 충전은 1회당 30~60분이 소요됩니다. 반면, 가솔린 자동차는 주유소에 가면 단 몇 분만에 주유가 끝이 납니다.

이 때문에 전기자동차를 처음 운전하는 사람 중에는 좀 더 '충전 시간을 단축할 수 없을까?'라고 생각하는 사람도 있을 것입니다. 하지만 충전 시간이 오래 걸리는 것은 그럴 만한 이유가 있습니다.

원인은 배터리 이외의 문제

충전에 시간이 오래 걸리는 이유는 구동용 배터리 때문이라고 생각하기 쉽지만, 이는 잘못된 인식입니다. 구동 배터리로 사용되는 리튬이온전지 중에는 도시바가 개발한 **SCiB**처럼 6분 만에 80% 이상 충전할 수 있는 배터리가 이미 존재합니다(그림 7-6).

그럼에도 불구하고 급속 충전이 6분 이상 걸리는 이유는 충전 스탠드나 전기자동차의 제조 비용이 늘어나기 때문입니다. **충전에 사용하는 전류 용량이 클수록 구조는 더 복잡해지고, 설치 및 제조에 드는 비용이 증가합니다.**

최근 해외에서는 한 걸음 더 나아가 이 문제를 해결하려는 움직임이 있습니다. 예를 들어 중국에서는 충전소를 고출력화하고 전기자동차를 개량하여 대용량 전류를 사용함으로써 급속 충전에 걸리는 시간을 단축했습니다. 또한, 아예 전기자동차 하부에 장착된 구동 배터리를 몇 분만에 교체하는 기술을 도입하여 충전으로 인한 시간 손실을 줄이는 방법도 시도되고 있습니다.

그림 7-5 완속 충전과 급속 충전의 차이

구분	초급속 충전기	급속 충전기	완속 충전기
설치 위치	고속도로 휴게소, 공공기관 등 외부 장소		주택, 아파트
공급 용량	300, 350kW	50, 100, 200kW	3~7kW
충전시간	약 20분	약 30~60분	6~12시간

급속 충전은 완속 충전보다 짧은 시간에 충전할 수 있지만,
충전 설비 설치 비용이 비싸다

출처: 무공해차 통합누리집(URL: https://ev.or.kr/nportal/evcarInfo/initEvcarChargeInfoAction.do)

그림 7-6 도시바가 개발한 리튬이온전지 SCiB

6분 만에 80% 이상 충전할 수 있다

※ SCiB is a trademark of Toshiba Corporation.(사진제공: 도시바)

Point
- ✔ 전기자동차의 충전은 가솔린 자동차의 주유보다 시간이 오래 걸린다.
- ✔ 급속 충전 시간을 단축할 수 없는 이유는 보낼 수 있는 전류 용량에 한계가 있기 때문이다.

7-4 CHAdeMO, GB/T, COMBO, 슈퍼차저

≫ 전력공급③ 플러그 충전 규격

다양한 충전 규격

플러그 충전에는 사양이 다른 여러 규격이 존재합니다. 직류를 이용하는 급속 충전에는 세계적으로 주로 5가지 규격이 있으며, 충전 커넥터의 모양과 전기 방식, 통신 방식이 각각 다릅니다(그림 7-7). 이 중에는 일본의 **'CHAdeMO**(차데모)', 중국의 **'GB/T**', 미국과 유럽, 한국에서 사용되는 **'COMBO(CCS)**', 그리고 테슬라의 **'슈퍼차저**'가 있습니다. 이들은 서로 글로벌 점유율을 높이기 위해 경쟁하고 있습니다.

한국에서 주로 사용되는 DC COMBO(CCS1)

한국에서 주로 사용하는 급속 충전 방식으로는 'CCS1'과 'CHAdeMO'가 있습니다(그림 7-8). 그중 CCS1이 주력이며, CHAdeMO는 점차 축소 추세입니다. 'CHAdeMO'라는 이름은 'CHArge de MOve(움직이기 위한 충전)'의 약자이며, 일본어로 자동차를 충전하는 동안 '차라도 한잔 하시겠습니까'라는 의미도 담겨 있습니다.

고출력화의 과제

현재 전 세계적으로 전기자동차의 급속한 보급에 따라 급속 충전기를 고출력화하려는 움직임이 있습니다. 충전기가 고출력화 되면 충전 시간을 단축할 수 있어 전기자동차의 편의성이 향상됩니다.

하지만 급속 충전기를 고출력화하면 앞서 언급한 것처럼 급속 충전기 설치 및 유지 보수 비용이 증가할 뿐만 아니라 전기자동차의 부담이 커지기 때문에, **이를 실현하는 것은 쉽지 않습니다.**

그림 7-7 급속 충전의 주요 규격

항목	일본방식	중국방식	미국방식	유럽방식	테슬라 방식
	CHAdeMO	GB/T	US–COMBO CCS1	EUR–COMBO CCS2	슈퍼차저
충전 커넥터					
차량측 소켓					
IEC (UN)	✓	✓	✓	✓	
🇺🇸	◆IEEE		SAE		
EN	✓			✓	
🇯🇵 JIS	✓	✓	✓	✓	
🇨🇳 GB		✓			
통신방식	CAN		PLC		CAN
최대출력(사양)	400kW 1,000V 400A	185kW 750V 250A	200kW 600V 400A	350kW 900V 400A	?
최대출력(시장)	150kW	50kW	50kW	350kW?	120kW
1호기 설치	2009년	2013년	2014년	2013년	2012년

출처: CHAdeMO 협의회 '초고출력 충전 시스템 공동 개발에 대하여', 2018년 8월 22일 기준 작성

그림 7-8 DC COMBO 충전기

한국의 주력 급속 충전기는 DC COMBO이다

Point
- ✓ 플러그 충전은 사양이 다른 여러 규격이 존재한다.
- ✓ 한국에서는 주로 'DC COMBO'라는 급속 충전 규격이 사용된다.
- ✓ 급속 충전기의 고출력화는 쉽지 않다.

7-5 팬터그래프, 트롤리 버스, e고속도로

❯❯ 전력공급④ 팬터그래프 집전

팬터그래프로 전기를 공급한다

전기자동차와 충전 인프라를 접촉시키는 충전 방식에는 커넥터를 연결하는 플러그 충전 외에 전철처럼 **팬터그래프**를 통해 외부에서 전력을 공급하는 방식도 있습니다. 이 방식은 전기자동차 지붕 위에 고정된 팬터그래프를 도로에 설치된 가설 전선에 접촉시켜 전기를 공급하는 방식으로, **트롤리 버스**에서 오래전부터 사용되어 온 방식입니다. 지금은 이 기술을 전동자동차 충전에 적용하려는 움직임이 있습니다.

전용 도로에서 전기를 공급하는 eHighway

예를 들어 독일의 지멘스는 도로 화물 운송의 전기화를 목적으로 한 트럭 운송 시스템으로서 **e고속도로**eHighway를 개발했습니다(그림 7-9). e고속도로는 모터와 디젤 엔진을 모두 탑재한 하이브리드 트럭을 사용합니다.

하이브리드 트럭은 전용 도로에 들어서면 팬터그래프를 올려 트럭 위를 지나는 전력선과 접촉하여 전기를 공급받고, 구동 배터리를 충전하면서 모터로 구동합니다. 전용 도로 이외의 구간에서는 팬터그래프를 내리고, 디젤 엔진 또는 모터로 구동합니다.

버스 정류장에서 충전하는 시스템

지멘스는 정차 중에 팬터그래프를 이용하여 충전할 수 있는 시스템도 개발했습니다 (그림 7-10). 이는 전기 버스를 위한 것으로, **버스가 정류장에서 오랜 시간 정차할 때 팬터그래프를 올려 정류장에 설치된 전력선에서 전기를 공급받아 구동 배터리를 충전하는 기술**입니다. 이 기술은 수동으로 커넥터를 연결할 필요가 없는 급전 시스템으로 기대되고 있습니다.

| 그림 7-9 | 독일의 지멘스가 개발한 eHighway |

하이브리드 트럭이 전철처럼 팬터그래프로 전기를 공급받으며 주행한다
(사진제공: 지멘스AG)

| 그림 7-10 | 지멘스가 개발한 팬터그래프 전기 버스 |

정차 중에 팬터그래프를 올려서 충전한다
(독일 베를린 이노트랜스 2016 행사장에서 저자 촬영)

Point
- ✔ 팬터그래프를 이용하는 전력공급 시스템도 있다.
- ✔ 'e고속도로'는 전용 도로에서 트럭이 팬터그래프를 통해 전기를 공급받으면서 달린다.
- ✔ 정차 중에 팬터그래프를 올려서 충전할 수 있는 전기 버스가 있다.

7-6 전자기 유도 방식, 자기 공명 방식, 전파 방식, 주행 중 무선 급전 방식

≫ 전력공급⑤ 비접촉 충전

무선으로 충전한다

현재 일부 전기자동차에는 비접촉식 충전 방식을 지원하고 있습니다. 비접촉 충전이란 케이블로 연결하지 않고 전기자동차에 무선으로 전기를 공급하여 구동 배터리를 충전하는 방식입니다.

비접촉 충전은 크게 세 가지 종류가 있습니다. **전자기 유도 방식**과 **자기 공명 방식**, 그리고 **전파 방식**입니다(그림 7-11).

전자기 유도 방식은 송전(1차) 코일과 수전(2차) 코일을 접근시킬 때 발생하는 전자기 유도 현상을 이용하여 전력을 전달하는 방식으로(그림 7-12) 큰 전력을 전송할 수 있습니다. 반면에 코일 간의 거리가 멀면 송전 효율이 떨어져 충분한 전력을 전달할 수 없게 됩니다.

자기 공명 방식은 자기장과 공명 현상을 이용하여 송전 코일에서 수전 코일로 전력을 전달하는 방식입니다.

전파 방식은 전류를 마이크로파 등의 전자파로 변환하여 안테나를 통해 전력을 전달하는 방식입니다. 거리가 멀어도 송전할 수 있지만, 송전 효율이 낮다는 약점이 있습니다.

달리면서 전기를 공급받는 주행 중 무선 급전 기술

현재 일본에는 **전자기 유도 방식을 이용하여 전기자동차가 지상 코일 위에 정지한 상태에서 전력을 공급받는 방법**이 실용화되어 있습니다.

그와 동시에 **전기자동차가 주행하면서 비접촉으로 전력을 공급을 받는 기술도 개발**되고 있습니다. 이 기술을 **주행 중 무선 급전 방식**이라고 부르며, 도로에 매립된 전력 공급 시스템이 전기자동차의 수전 코일에 지속적으로 전력을 공급하는 기술입니다. 이 기술이 실현되면, 전기자동차의 배터리 용량을 줄이면서 주행 거리를 늘릴 수 있습니다.

그림 7-11 비접촉 충전의 종류

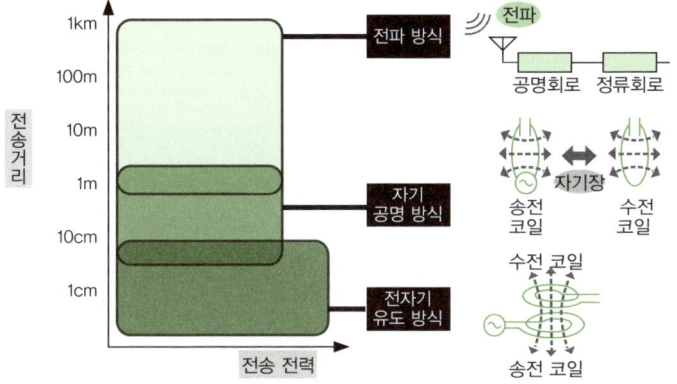

각각 전송 전력과 전송 거리의 수비 범위가 다르다

출처: 닛칸공업신문사 편, 차세대자동차진흥센터 협력
"도시를 달리는 EV·PHV-기초 지식과 보급을 위한 타운 구상"(닛칸공업신문사) p37을 바탕으로 작성

그림 7-12 비접촉 충전(전자기 유도 방식)

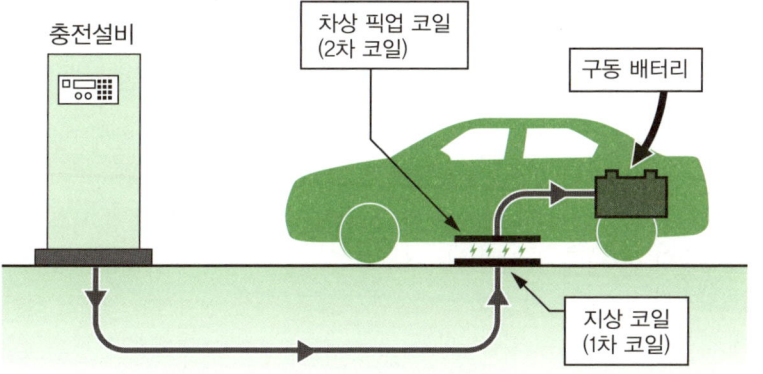

자동차가 지상 코일 위에 정차하면, 지상 설비로부터 전력을 공급받는다

Point
- ✔ 비접촉 충전 방식에는 세 가지 종류가 있다.
- ✔ 일본에서는 정차 중 비접촉 충전 시스템이 실용화됐다.
- ✔ 주행 중 비접촉으로 충전할 수 있는 시스템도 개발되고 있다.

7-7 V2H, V2G, HEMS, 스마트 그리드

≫ 전력공급⑥ V2H와 V2G

전기자동차와 전력망에 연결한다

전기자동차 보급이 늘어나면서 그에 따라 전력 수요가 증가하자 기존 발전소의 부담이 커지고 있습니다. 그래서 현재 전기자동차와 전력망을 연결해 **전력 이용을 최적화하고 재생 에너지를 활용할 목적**으로 V2H, V2G 도입이 추진되고 있습니다.

가정의 전력망과 연결하는 V2H

V2H는 Vehicle to Home의 약자로 전기자동차의 구동 배터리 전력을 가정용 전원으로 활용하는 것을 의미합니다. 현재 가정에서는 가정의 에너지 소비를 최적화하는 **HEMS**(Home Energy Management System)나 IT 기술을 활용해 전력망(그리드) 전체의 전력 이용을 최적화하는 **스마트 그리드**가 도입되고 있습니다(그림 7-13). V2H는 이러한 시스템과 전기자동차를 결합하여 **전력 이용 효율을 향상시킬 수 있습니다**.

광범위한 전력망과 연결하는 V2G

V2G는 Vehicle to Grid의 약자로 전기자동차를 광범위한 전력망에 연결해, 구동 배터리에서 전력망으로 전력을 공급하는 것을 말합니다(그림 7-14). 이 시스템은 풍력, 태양광 등 **재생 에너지의 불안정한 전력원을 전기자동차의 충전 시스템과 결합하여 균형잡힌 전력공급을 실현하는 것을 목적으로 합니다**. 전기자동차 충전 시스템은 화력발전보다 전력 상황 변화에 대응하기 쉽고, 재생 에너지로 생산된 전력의 평준화에 적합하다는 장점이 있습니다.

| 그림 7-13 | V2H의 구조 |

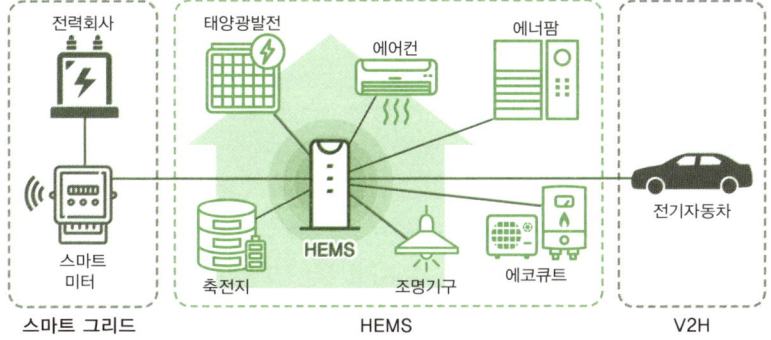

전기자동차 구동 배터리의 전력을 가정용 전력망에 공급한다

출처: 모리모토 마사유키 "전기자동차(제2판)"(모리키타출판사)의 그림 12-10을 바탕으로 작성

| 그림 7-14 | V2G의 구조 |

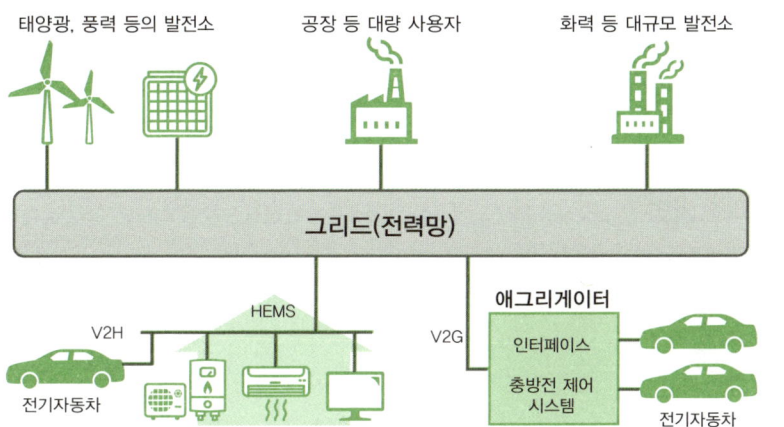

전기자동차의 충전 시스템을 광범위한 전력망(그리드)과 연결한다

출처: 모리모토 마사유키 "전기자동차(제2판)"(모리키타출판사)의 그림 12-11을 바탕으로 작성

Point
- ✓ 전력 이용을 최적화하는 수단으로 V2H와 V2G 도입이 추진되고 있다.
- ✓ V2H는 가정의 전력 소비를 최적화할 수 있다.
- ✓ V2G는 재생 에너지에 의한 불안정한 전력공급의 평준화가 기대된다.

7-7 전력공급⑥ V2H와 V2G

7-8 수소충전소, 고정식, 이동식, 온사이트형, 오프사이트형

》 수소공급① 수소충전소

수소충전소의 종류

수소를 연료로 사용하는 자동차는 연료전지 자동차와 수소엔진 자동차가 있습니다. 이러한 **자동차에 수소를 공급하는 인프라**로는 **수소충전소**가 있습니다.

수소충전소는 크게 **고정식**과 **이동식**으로 나뉩니다. 고정식은 주유소처럼 일정한 장소에 설치하는 것이고, 이동식은 수소 탱크를 실은 트레일러처럼 이동하는 것을 가리킵니다.

고정식에는 **온사이트형**과 **오프사이트**형이 있습니다(그림 7-15). 온사이트형은 수소 제조 설비를 갖춘 것입니다. 오프사이트형은 수소 제조 설비가 없는 것으로, 다른 곳에 있는 대규모 수소 제조 설비에서 생산한 수소를 트레일러로 운반하여 수소를 공급받습니다. 이동식은 모두 오프사이트형입니다.

수소충전소에는 자동차에 압축 수소를 공급하는 디스펜서가 있습니다. 디스펜서에는 호스가 있어, 그 끝에 있는 노즐을 자동차 충전구에 밀착시켜 압축 수소를 자동차 수소 탱크에 공급합니다. 수소 탱크를 가득 채우는 데 걸리는 시간은 약 3분입니다.

수소 제조 방법

수소를 제조하는 방법에는 크게 4가지가 있습니다. 화석연료를 원료로 해서 만드는 방법, 부생가스(산업 공정에서 부산물로 발생하는 가스)를 정제하는 방법, 바이오매스 등에서 얻어지는 메탄올이나 메탄가스를 원료로 하는 방법, 그리고 자연 에너지에서 얻어지는 전기로 물을 전기분해하는 방법이 있습니다(그림 7-16). 바이오매스 등을 이용하는 방법은 갈탄(질이 낮은 석탄)이나 하수 슬러지처럼 기존에 버려지던 것을 이용한다는 점에서 주목받고 있습니다.

그림 7-15 고정식 수소충전소의 구조

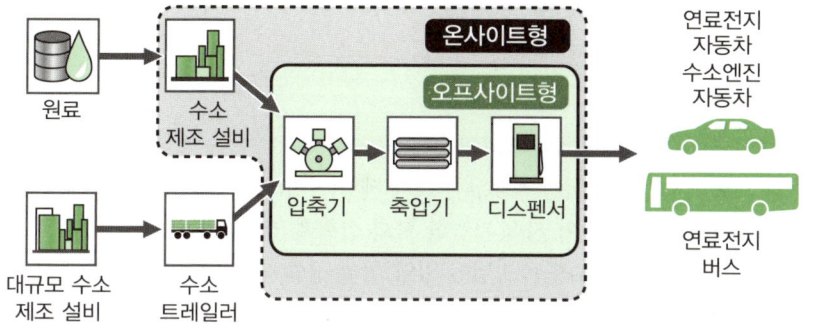

수소 생산 설비는 온사이트형에 있고, 오프사이트형에는 없다

그림 7-16 수소 제조 방법

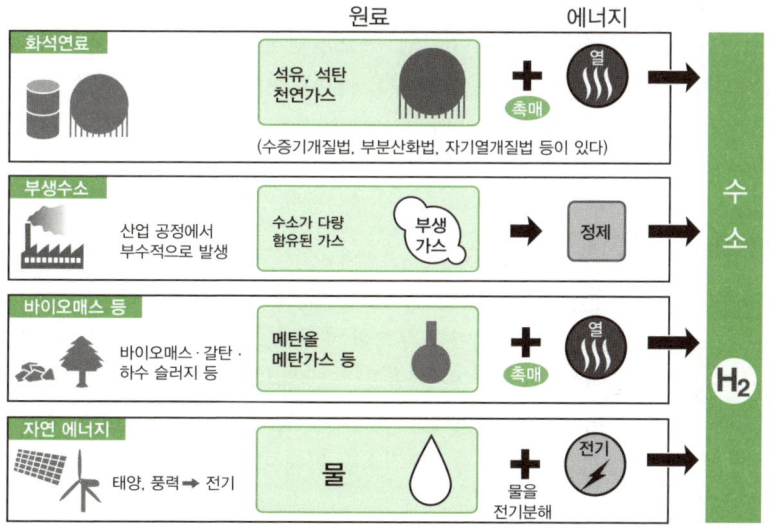

> **Point**
> - ✔ 자동차에 수소를 공급하는 인프라를 수소충전소라고 한다.
> - ✔ 수소충전소에는 고정식과 이동식이 있다.
> - ✔ 고정식에는 온사이트형과 오프사이트형이 있다.

7-9 수소경제사회

》 수소공급② 수소경제사회와의 연계

수소가 주목받는 이유

수소가 차세대 연료로 주목받는 이유는 크게 세 가지가 있습니다(그림 7-17). 화석연료처럼 고갈될 우려가 없어 지속 가능한 사회 실현에 기여할 수 있는 점, 앞 절에서 설명한 것처럼 여러 가지 제조 방법이 있어 쉽게 구할 수 있다는 점, 그리고 연료전지의 발전이나 수소엔진 작동에 이용하더라도 배출되는 것은 물이라서 지구 환경에 부담을 주지 않는 청정 연료라는 점입니다.

수소경제사회의 실현

이 때문에 현재 세계 각국은 **수소경제사회**(수소를 주요 에너지원으로 활용하는 사회)를 실현하고자 노력하고 있습니다(그림 7-18). 한국은 에너지 자급률이 낮아 수입 의존도가 높습니다. 이에 따라 수소를 주요 에너지원으로 활용하는 '수소경제사회'를 실현하고자 노력하고 있습니다. 정부는 2030년까지 수소차 30만 대 보급과 수소충전소 660기 구축을 목표로 설정하였습니다.

늦어지는 수소충전소 구축

2025년 4월 기준, 전국에 가동 중인 수소충전소는 217개소, 총 400기가 설치되어 있습니다. 이는 정부의 목표 대비 아직 부족한 수치로, 충전 인프라 확충이 시급한 상황입니다. 수소는 지속 가능하고 환경 친화적인 에너지원으로서 큰 잠재력을 가지고 있습니다. 그러나 수소차 보급 확대를 위해서는 충전 인프라의 확충이 필수적입니다. 정부와 민간의 협력을 통해 수소충전소를 확대하고, 지역 간 불균형을 해소하는 등의 노력이 필요합니다.

그림 7-17　수소가 차세대 연료로 주목받는 주요 이유

고갈될 염려가 없다　　구하기 쉽다　　깨끗하다

그림 7-18　수소경제사회의 이미지

화석연료가 아니라 수소를 에너지원으로 활용한다

출처: 환경성 '탈탄소-수소사회 실현에 필요한 수소 공급망'
(URL: https://www.env.go.jp/seisaku/list/ondanka_saisei/lowcarbon-h2-sc/)

> **Point**
> - 수소가 차세대 연료로 주목받는 이유는 크게 3가지이다.
> - 한국 정부는 에너지 문제 해결을 위해서 수소경제사회 실현을 목표로 하고 있다.
> - 수소충전소 구축에는 시간이 걸린다.

| 해보자 | 가까운 수소충전소를 찾아보자 |

1장의 "해보자"에서는 전기충전소를 찾아봤습니다. 이 장에서는 수소충전소를 찾아봅시다. 현재 가동 중인 수소충전소는 217곳 입니다(2025년 4월 기준).

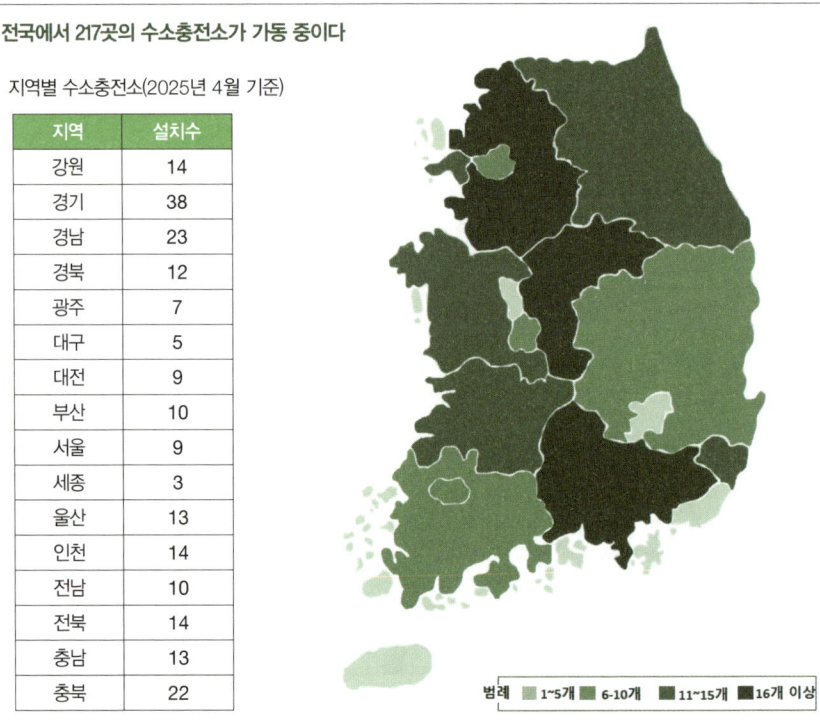

전국에서 217곳의 수소충전소가 가동 중이다

지역별 수소충전소(2025년 4월 기준)

지역	설치수
강원	14
경기	38
경남	23
경북	12
광주	7
대구	5
대전	9
부산	10
서울	9
세종	3
울산	13
인천	14
전남	10
전북	14
충남	13
충북	22

범례: 1~5개, 6~10개, 11~15개, 16개 이상

출처: 수소유통전담기관 웹사이트 자료를 바탕으로 작성(URL: https://www.h2nbiz.or.kr/index.do)

가장 가까운 수소충전소를 찾고 싶을 때는 인터넷을 통해 검색해 보세요. 예를 들어 스마트폰으로 구글 등의 검색 사이트에서 '가장 가까운 수소충전소'라는 키워드로 검색하면 현재 위치에서 가까운 위치에 있는 수소충전소를 표시한 지도와 연락처, 영업시간 등이 표시됩니다.

Chapter 8

전기자동차와 환경
어느 정도 친환경적인가?

Electric Vehicle

8-1 친환경 자동차, ZEV, 차세대 자동차

≫ 전기자동차는 정말 친환경적인가?

환경규제에서 탄생한 자동차

1-1에서 언급한 것처럼 전기자동차는 주행 중 CO_2와 같은 환경오염 물질을 전혀 배출하지 않고 조용히 달릴 수 있어 **친환경 자동차**의 하나로 불립니다. 또한, **ZEV**(Zero Emission Vehicle: 무공해 자동차)나 **차세대 자동차**의 대표적인 사례로 손꼽히며 '환경에 부담을 주지 않는 자동차'로 기대를 모았습니다.

이 때문에 선진국을 비롯한 많은 국가에서 기존 가솔린 자동차에 대해선 엄격하게 배기가스를 규제하고 동시에 전기자동차를 포함한 친환경 자동차 보급을 추진했습니다.

그 결과, 전 세계적으로 친환경 자동차 판매량이 많이 증가했습니다. 영국의 런던 교통국(Transport for London, TfL)은 대중교통 전반의 CO_2 배출량을 줄이기 위해 버스의 전동화를 적극적으로 추진했으며 노르웨이, 네덜란드, 중국 등과 같이 **전기자동차 보급을 국가 전략의 하나로 추진하는 국가에서는 전기자동차 판매량이 빠르게 증가했습니다**(그림 8-1).

정말 친환경적일까?

하지만, 전기자동차 보급이 정말 '친환경'적일까요? 이는 명확하게 답하기 매우 까다로운 질문입니다. 전기자동차 충전에 사용된 전력이나 제조 및 폐기에 사용된 전력이 CO_2를 배출하면서 생산됐다면, '친환경'이라고 하기 어렵습니다. 또한, 전기자동차에 사용된 구동 배터리 등의 부품을 그대로 폐기한다면 환경에 나쁜 영향을 줄 수도 있습니다.

즉, **전기자동차가 친환경적인지 여부를 판단하려면, 주행 중일 때뿐만 아니라 충전하는 전력의 발전 방식과 라이프 사이클 전체를 살펴보고 종합적으로 판단할 필요가 있습니다**(그림 8-2).

| 그림 8-1 | 한국에서도 보급이 확대되고 있는 EV 버스 |

출처: https://blog.naver.com/asq46

| 그림 8-2 | 전기자동차의 라이프 사이클 |

라이프 사이클 단계	부품 및 차량 제조	자동차 사용	폐기 · 재활용
환경부하감소를 위한 활동	공장, 물류에서의 CO_2 배출 저감	• 연비성능 향상 (내연기관의 효율화, 전동화, 경량화 등) • 대체연료 대응기술 개발촉진	폐기물 발생량 저감, 재활용 추진

LCA
• 환경 영향을 정량적으로 평가
• 저감 기회를 파악 / 개선 활동에 반영

**친환경인지 여부는 라이프 사이클 전체를 보고
종합적으로 판단할 필요가 있다**

출처: 마쓰다 공식 사이트 LCA(Life Cycle Assessment)를 바탕으로 작성
(URL: https://www.mazda.com/ja/sustainability/lca/)

> **Point**
> ✔ 전기자동차는 친환경 자동차의 일종으로 판매량을 늘려왔다.
> ✔ 노르웨이처럼 국가 전략으로 전기자동차를 늘린 국가도 있다.
> ✔ 전기자동차가 친환경인지 아닌지는 종합적으로 생각해 볼 필요가 있다.

8-1 전기자동차는 정말 친환경적인가?

8-2 발전소, 화력발전, 에너지믹스, 재생 에너지 비율

≫ 보이지 않는 곳에서 배출하는 CO_2

발전 방식에 따라 달라지는 CO_2 배출량

전기자동차의 친환경성을 평가하기 위해서는 '보이지 않는 곳'에서 배출하는 CO_2의 양에 주목해야 합니다. 이 '보이지 않는 곳'의 대표적인 예로 **발전소**가 있습니다.

발전소는 발전 방식에 따라 다양한 종류가 있습니다(그림 8-3). 원자력이나 재생 에너지를 이용한 발전처럼 전기를 만드는 과정에서 CO_2를 배출하지 않는 발전 방식이 있는가 하면, 석유·석탄·천연가스(LNG) 등 화석연료를 태워 CO_2를 배출하는 **화력발전**도 있습니다.

만약, 전기자동차에 충전하는 전기가 화력발전으로 만들어진다면, 전기자동차는 '친환경'이라고 할 수 없습니다.

화력발전 비중이 큰 한국

에너지원에 따른 발전 비중(**에너지믹스**)은 국가나 지역에 따라 다릅니다. 예를 들어 한국은 2023년 기준 화석연료(석유, 천연가스, 석탄)를 이용한 **화력발전이 약 60%를 차지합니다**(그림 8-4). 일본은 2011년 도쿄전력의 후쿠시마 원전 사고 발생으로 모든 원자력 발전소 가동을 중지시키면서 화력발전이 전체의 약 80%를 차지하고 있습니다.

화력발전 비율이 큰 나라에서는 전기자동차에 충전하는 전기 자체가 CO_2를 배출하면서 생산됐을 가능성이 높기 때문에, 전기자동차를 '친환경'이라고 하기 어렵습니다. 이 문제를 해결하기 위해서는 에너지믹스에서 **재생 에너지 비율**을 늘릴 필요가 있습니다.

그림 8-3 발전소에서 사용되는 주요 발전 방식

CO_2를 배출하지 않는 발전 방식
- 원자력발전
- 재생 에너지에 의한 발전 (수력, 태양광, 풍력 등)

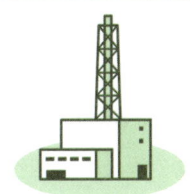

CO_2를 배출하는 발전 방식

화력발전 (석유, 석탄, 천연가스)

2011년 후쿠시마 원전 사고 이후, 재생가능 에너지에 의한 발전이 CO_2를 배출하지 않는 발전 방식으로 주목받고 있다

그림 8-4 한국의 에너지원별 발전량

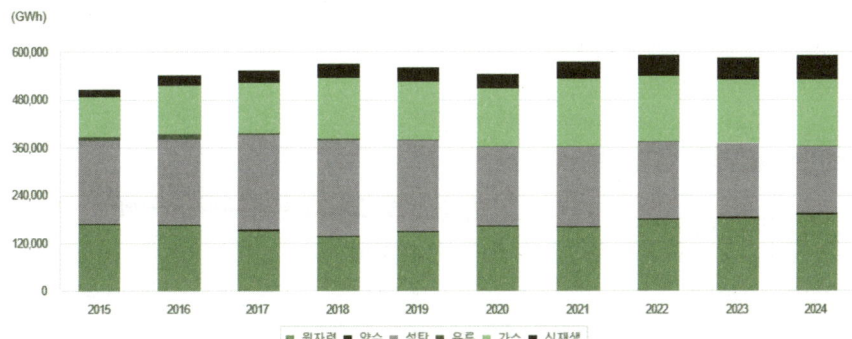

■ 원자력 ■ 양수 ■ 석탄 ■ 유류 ■ 가스 ■ 신재생

Point
- ✓ 화력발전으로 생산한 전기로 충전한다면, 전기자동차를 친환경이라고 할 수 없다.
- ✓ 한국의 에너지믹스는 화력발전이 전체 전력의 60% 가까이 차지한다.
- ✓ 향후 재생가능 에너지의 비중을 늘려야 한다.

8-3 Well to Wheel, LCA

≫ 환경 성능을 종합적으로 평가하다

환경 성능을 비교하는 두 가지 지표

전기자동차가 친환경인지 아닌지는 전기자동차가 소비하는 전력의 발전 방법이나 제조에서 폐기에 이르기까지 라이프 사이클 전체를 살펴 판단할 필요가 있습니다. 여기서는 이를 위한 대표적인 지표로 Well to Wheel과 LCA를 소개합니다.

사용 시 평가하는 Well to Wheel

Well to Wheel이란 유전^{Well}에서 바퀴^{Wheel}까지라는 뜻으로, **1차 에너지원의 채굴부터 차량 운행에 이르기까지 발생하는 환경 부하를 정량적으로 평가하는 지표**입니다. 가솔린 등 석유 연료라면, 유전에서 원유를 채굴한 후 자동차 바퀴를 굴리기까지 얼마나 많은 환경오염 물질을 배출했는지를 나타냅니다.

그림 8-5는 각종 자동차의 1km당 CO_2 배출량을 Well to Wheel로 평가한 그래프입니다. 이를 보면 전기자동차의 CO_2 배출량이 발전 방식에 따라 크게 달라진다는 것을 알 수 있습니다.

라이프 사이클을 평가하는 LCA

LCA는 Life Cycle Assessment의 약자로, **자동차 제조부터 폐기까지의 라이프 사이클에서 환경 부하를 정량적으로 평가하는 지표**입니다.

그림 8-6은 각종 자동차의 제조부터 폐기까지의 CO_2 배출량을 비교한 그래프입니다. 이를 보면 전기자동차(EV)보다 플러그인 하이브리드 자동차(PHV)의 CO_2 배출량이 적다는 것을 알 수 있습니다.

그림 8-5 Well to Wheel로 평가한 각종 자동차의 1km당 CO_2 배출량

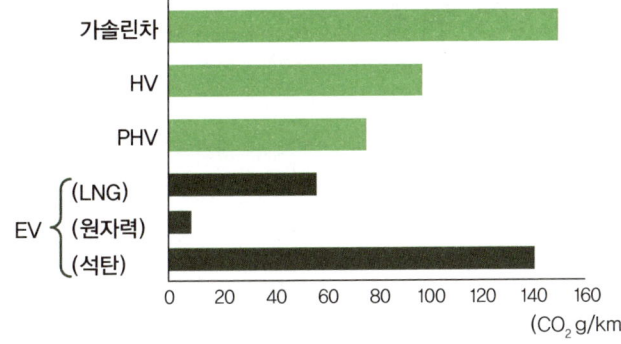

전기자동차(EV)의 CO_2 배출량은 소비하는 전력의 발전 방식에 따라 다르다

출처: 클릭카 "이제 와서 묻기 힘든 '전기자동차'란? – 전기자동차, PHEV, HEV, 연료전지차를 포함한 차량의 특징과 비용 비교 소개를 바탕으로 작성(URL: https://clicccar.com/2020/12/18/1024395/)

그림 8-6 LCA로 평가한 각종 자동차의 CO_2 배출량

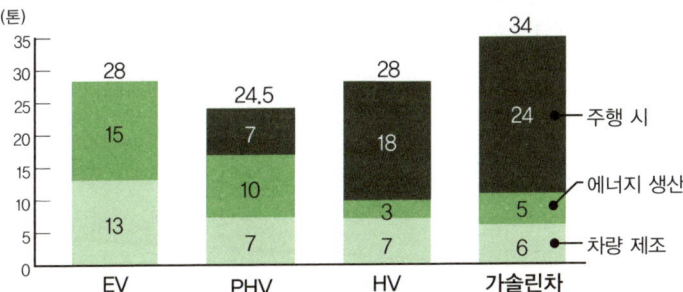

(전제조건)
- 연간 주행 거리 1.5만km
- 사용 기간 10년
- EV는 전지용량 80kWh, PHV는 10.5kWh(EV주행 시 60% 전후)

이 중에서는 플러그인 하이브리드 자동차(PHV)가 이산화탄소 배출량이 가장 적다

출처: 연재 "탄소중립의 실상 JAMA데이터베이스에서 (7)자동차의 라이프 사이클 CO_2",
일간자동차신문 전자판 2021년 6월 25일자(URL: https://www.netdenjd.com/articles/-/251732)

Point
- ✔ 주요 환경 성능 지표로 Well to Wheel과 LCA가 있다.
- ✔ Well to Wheel은 에너지 소비 과정에 주목한 지표이다.
- ✔ LCA는 자동차의 라이프 사이클에 주목한 지표이다.

8-4 재생 에너지, 녹색전력

≫ 재생 에너지 활용

재생 에너지와 녹색전력

전기자동차가 '친환경' 차량이 되기 위해서는 CO_2를 배출하지 않는 방식으로 생산한 전력으로 충전해야 합니다. 이러한 전력에는 원자력 발전으로 얻은 전력 외에도 **재생 에너지**(그림 8-7)로 얻은 전력(**녹색전력**)이 있습니다.

녹색전력이 탄소중립(탈탄소화)과 지속가능한 사회를 실현할 수 있는 열쇠가 될 것으로 주목받고 있어, 현재 **더 많은 전기자동차에서 친환경 전력을 사용할 수 있는 환경을 구축하고자 검토하고 있습니다**.

재생 에너지의 장점과 단점

재생 에너지는 자연계에 항상 존재하는 에너지입니다. 수력, 지열, 바이오매스, 태양광, 풍력이 재생 에너지에 포함됩니다.

재생 에너지의 주요 장점으로는 '고갈되지 않는다', '어디에나 존재한다', 'CO_2를 배출하지 않는다(증가시키지 않는다)'가 있습니다(그림 8-8).

반면, 주요 단점으로는 '에너지 밀도가 낮다', '전력 수요에 맞춰 발전량을 조절할 수 없다', '발전 비용이 비싸다' 등이 있습니다. 또한, 수력 발전과 지열 발전의 경우 발전량은 비교적 안정적이지만, 댐을 설치하거나 지열을 얻을 수 있는 장소 등이 제한되어 있습니다. 태양광 발전과 풍력 발전은 설치 장소에 대한 제약이 적은 편이지만, 발전량이 계절이나 날씨에 크게 좌우됩니다. 특히 태양광 발전은 야간에 발전할 수 없다는 단점이 있습니다.

현재는 **이러한 단점을 보완하고 재생 에너지를 효율적으로 이용하기 위한 시스템**으로서 스마트 그리드나 수소경제사회를 실현하려는 움직임이 있습니다.

그림 8-7 주요 재생 에너지

- 지열 발전
- 바이오매스
- 풍력 발전
- 태양광 발전
- 수력 발전

모두 자연계에 존재하는 에너지로, 발전에 사용할 수 있다

그림 8-8 재생 에너지의 주요 장단점

주요 장점	주요 단점
• 고갈되지 않는다 • 어디에나 존재한다 • CO_2를 배출하지 않는다	• 에너지 밀도가 낮다 • 수요에 맞춰 발전할 수 없다 • 발전 비용이 비교적 비싸다

Point
- ✓ 재생 에너지로 얻은 전력을 녹색전력이라고 한다.
- ✓ 전기자동차는 녹색전력을 사용함으로써 '친환경'이 된다.
- ✓ 재생 에너지의 단점을 보완할 수 있는 기술이 요구된다.

8-5 스마트 그리드, 녹색전력, 재생 에너지

≫ IT와 스마트 그리드

IT를 활용해 균형을 잡는다

현재 많은 선진국에서 **스마트 그리드** 실현을 계획하고 있습니다(그림 8-9). 스마트 그리드란 '똑똑한 전력망'이라는 뜻으로, 기존 전력망을 재구축하여 IT로 실시간 에너지 수요를 파악하면서 각 발전 설비에서 효율적으로 전력을 송전하는 시스템을 가리킵니다.

스마트 그리드는 원래 계속 증가하는 전력 수요에 대응하기 위해 미국에서 개발됐습니다. 발전소나 송전망뿐만 아니라, 가정이나 공장 등 전력을 소비하는 곳을 광섬유 등의 네트워크로 연결해 **전력공급의 효율성을 높이는 것을 목적으로 합니다.**

재생 에너지를 적극적으로 도입한다

스마트 그리드가 실현되면 재생 에너지를 적극적으로 도입할 수 있어, 기존 발전소에서 배출하던 CO_2를 줄일 수 있게 됩니다. 즉, 공급하는 전력 전체에서 **녹색전력**의 비율이 높아져 사회 전체에서 배출하는 CO_2를 감소시킬 수 있는 것입니다. 또한, 태양광 발전(그림 8-10)이나 풍력 발전처럼 발전량 변동이 크고 규모가 작은 발전 방식에도 대응하기 쉬워져 **재생 에너지**를 **더 효율적으로 활용**할 수 있게 됩니다.

녹색전력으로 충전해 진정한 '친환경 자동차'에 가까워진다

스마트 그리드를 통해 충전 시설에 친환경 전력을 우선적으로 공급할 수 있다면, 그곳에서 충전한 전기자동차는 **진정한 의미의 '친환경 자동차'에 가까워질 것**으로 기대할 수 있습니다.

그림 8-9 스마트 그리드의 개념도

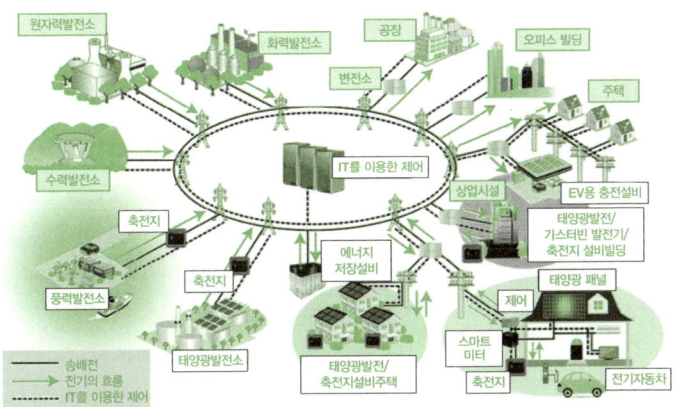

IT를 활용하여 발전설비와 소비설비를 네트워크로 연결함으로써
지역 전체에 전력을 효율적으로 공급한다

출처: 경제산업성, 차세대 에너지 시스템 국제표준화에 관한 연구회,
2010년 1월 '차세대 에너지 시스템 국제표준화를 향하여' (URL: https://dl.ndl.go.jp/pid/11249964/1/1)

그림 8-10 태양광 발전을 하는 태양광 패널

발전량은 날씨에 따라 크게 좌우되지만, 스마트 그리드와 결합하면
발전한 전력을 효율적으로 활용할 수 있다

Point
- ✔ 스마트 그리드는 지역 전체 전력망의 송전 효율을 높인다.
- ✔ 스마트 그리드는 재생 에너지의 이용 효율을 높인다.
- ✔ 전기자동차는 스마트 그리드를 통해 진정한 친환경 자동차에 가까워진다.

8-6 수소경제사회

》 수소를 활용하는 수소경제사회

수소를 연료로 사용하는 사회 시스템

수소경제사회는 **수소를 연료로 활용하는 사회 시스템**입니다(그림 8-11). 수소는 연소할 때 또는 연료전지에서 산소와 반응할 때 물을 생성하고 CO_2를 발생시키지 않아, 청정 에너지원으로 기대를 모으고 있습니다. 또한 7-8에서도 언급했듯이 수소는 다양한 방법으로 제조할 수 있으며 저장할 수도 있습니다. 수소경제사회는 이러한 수소의 강점을 활용하여 지역 전체의 CO_2 배출량을 줄인 사회입니다.

재생 에너지와 수소

수소경제사회는 **태양광 발전이나 풍력 발전처럼 공급량 변동이 큰 재생 에너지를 효율적으로 사용할 수 있는 사회**이기도 합니다. 각각이 발전한 전력을 사용해 물을 전기분해하고, 발생한 수소는 탱크에 저장해 두면 되기 때문입니다.

저장된 수소는 연료전지 자동차에 사용할 수 있을 뿐만 아니라, 연료전지 발전에 사용함으로써 전기자동차나 플러그인 하이브리드 자동차 충전에도 사용할 수 있습니다(그림 8-12).

한국의 수소경제사회

한국은 2050년까지 청정수소 기반의 수소경제사회 실현을 목표로, 수소자동차 300만 대 보급과 충전소 660기 구축, 수소 발전 비중 확대를 추진하고 있습니다. 청정수소 인증제 도입, 수소특화단지 조성 등도 병행 중이며, 액화수소 생태계 구축도 본격화되고 있습니다. 아울러 전력 수요를 실시간으로 관리하고 분산 에너지 자원을 효율적으로 활용하는 '스마트그리드' 인프라 구축도 함께 추진 중입니다. 다만 충전 인프라 부족, 청정수소 생산 비용, 민간 투자 위축 등은 여전히 해결 과제로 남아 있습니다.

| 그림 8-11 | 수소경제사회의 개념도 |

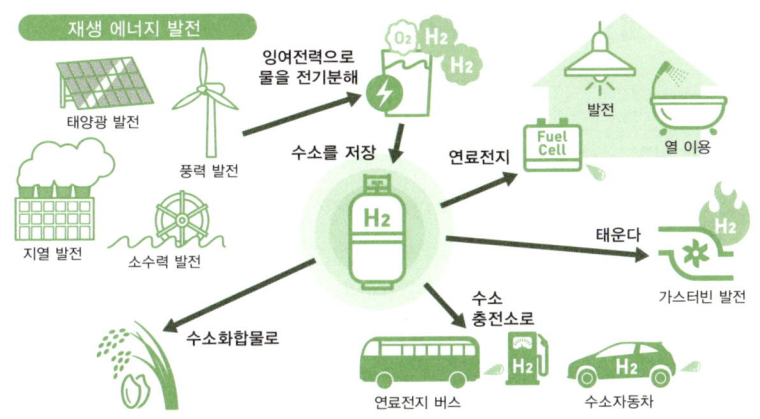

수소가 사회 전체가 소비하는 에너지의 핵심이 된다

출처: NPO법인 R수소 네트워크를 바탕으로 작성
(URL: https://www.tel.co.jp/museum/magazine/natural_energy/161130_crosstalk02/03.html)

| 그림 8-12 | 수소와 자동차의 관계 |

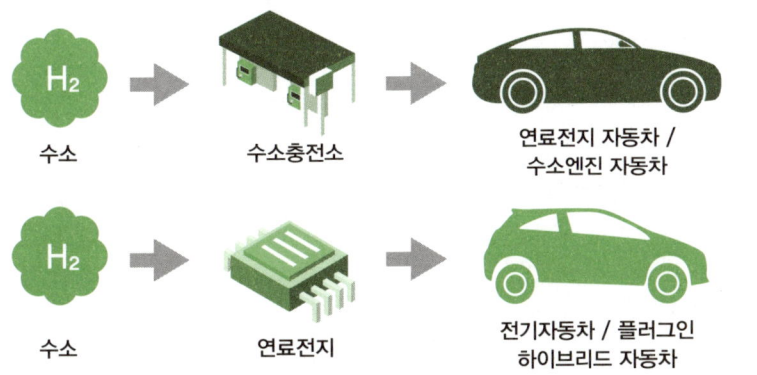

수소는 연료전지 자동차의 연료가 될 뿐만 아니라
전기자동차 및 플러그인 하이브리드 자동차 충전에 사용되는 전력을
연료전지로 발전하는 데 사용할 수 있다

Point
- ✓ 수소경제사회는 수소를 연료로 활용하는 사회 시스템이다.
- ✓ 수소경제사회에서는 재생 에너지를 효율적으로 사용할 수 있다.

8-7 희소금속, 재사용, 재활용

》구동 배터리의 재사용과 재활용

구동 배터리 처리

전기자동차를 '친환경 자동차'로 부르려면, 환경에 부담을 주는 물질을 제거하고 폐기하는 등 부품들을 적절한 방법으로 처리하는 시스템을 구축해야 합니다. 이 절에서는 전기자동차 부품 중에서도 특히 고가이며, 구하기 어려운 **희소금속**을 포함한 구동 배터리의 **재사용**Reuse과 재료의 **재활용**Recycle에 관해 설명합니다.

구동 배터리를 재사용한다

전기자동차의 구동 배터리는 대략 10년 정도면 교체 시기가 도래합니다. 다만, **교체 시점에 배출되는 오래된 구동 배터리는 남은 성능에 따라 재사용할 수 있는 경우가 있습니다**(그림 8-13). 성능이 높은 것은 지게차와 같은 다른 차량에 사용할 수 있고, 성능이 낮은 것은 공장 등에서 고정식 배터리로 사용할 수 있습니다.

재료를 재활용한다

재사용으로 성능이 저하된 구동 배터리는 해체하여 일부 재료를 재활용합니다. 리튬이온전지는 생산국이 편중되어 있고, 자원 위기가 높은 **리튬, 코발트, 니켈 등의 희소금속이 사용되므로 이를 회수하여 새로운 배터리에 이용**하는 것입니다(그림 8-14).

지금까지 소개한 재사용 및 재활용은 자동차 제조사 그룹에서 실시하고 있습니다. 특히 전기자동차의 보급에 따라 재료비가 급등하고 있는 희소금속 회수는 일본과 유럽 기업이 중심이 되어 추진하고 있으며, 전 세계적으로 확산되고 있습니다.

그림 8-13 구동 배터리를 재사용한다

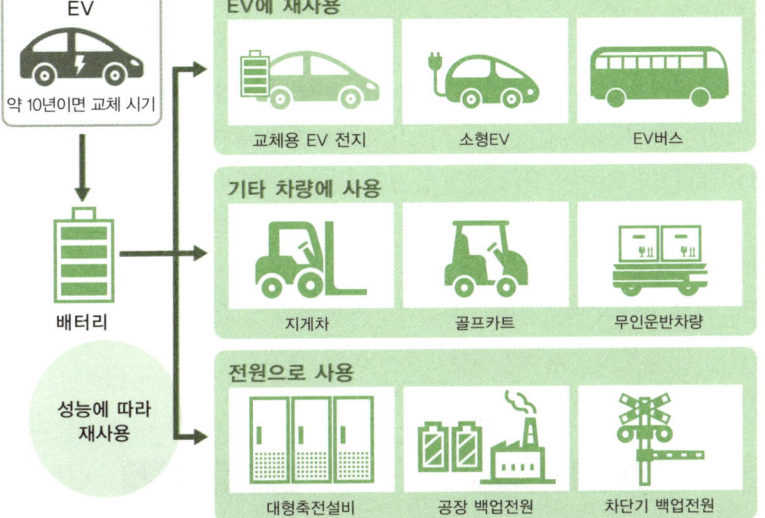

출처: 일본경제신문사 "EV전지 '제2의 인생'으로 비즈니스 기회 재활용 총정리", 2021년 12월 31일을 바탕으로 작성
(URL: https://www.nikkei.com/article/DGXZQOUC237WH0T21C21A2000000/)

그림 8-14 리튬이온전지에서 사용되는 주요 희소금속과 산출국 비율

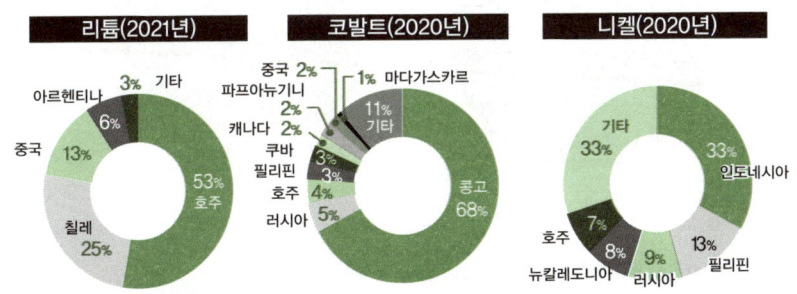

이 자원들을 회수하는 재활용 시스템 구축은 세계 여러 나라에서 진행되고 있다

Point
- ✓ 구동 배터리의 재사용 및 재활용을 추진하는 움직임이 있다.
- ✓ 교체한 구동 배터리는 다른 용도로 재사용된다.
- ✓ 해체 후 희소금속을 추출하는 재활용 시스템 구축이 진행되고 있다.

| 해보자 | 세계 각국의 에너지믹스를 조사해 보자 |

국가별로 다른 에너지믹스

컴퓨터나 스마트폰을 이용해 8-2에서 소개한 에너지믹스를 조사해 봅시다. 분명히 국가마다 에너지믹스가 크게 다르다는 것을 알게 될 것입니다. 예를 들어, 프랑스는 약 70%가 원자력 발전, 노르웨이는 약 90%가 수력 발전입니다(아래 그림 참조).

이러한 에너지믹스는 전기자동차 보급과 밀접한 관련이 있습니다. 즉, CO_2 배출량이 적은 발전 방식이 에너지믹스 대부분을 차지하는 국가에서는 환경 보호를 이유로 전기자동차 보급을 추진할 수 있습니다.

이처럼 세계 각국의 에너지믹스를 살펴보면 에너지 상황이 크게 다르며, 이는 전기자동차 보급 상황과도 밀접한 관계가 있음을 알 수 있습니다.

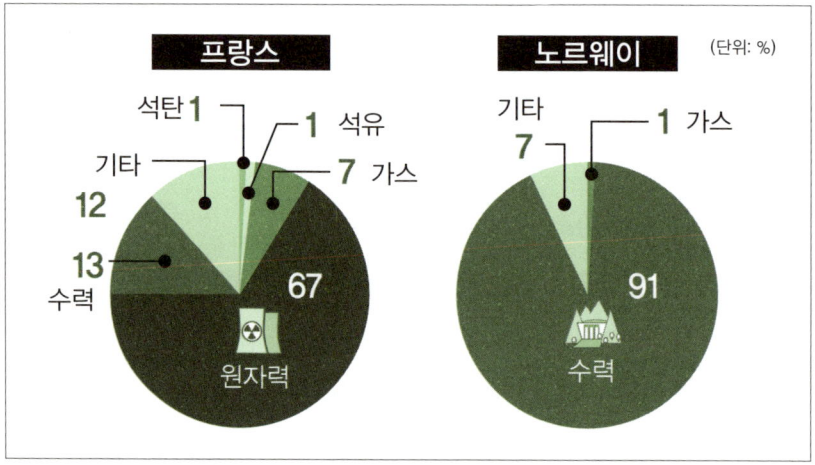

프랑스와 노르웨이의 에너지믹스

출처: 일반사단법인 해외전력조사협회 '각국의 전력사업(주요국)'를 바탕으로 작성
(URL: https://www.jepic.or.jp/data/w04frns.html 〈프랑스〉,
https://www.jepic.or.jp/data/w07nrwy.html 〈노르웨이〉)

Chapter

9

전기자동차의 미래

전기자동차의 미래 전망

Electric Vehicle

9-1 전고체전지, 불화물전지, 아연음극전지

≫ 전기자동차의 진화① 구동 배터리

차세대 전기자동차를 지원하는 이차전지

현재 전기자동차에는 구동 배터리로 리튬이온전지가 사용되고 있습니다. 한편, 이 **리튬이온전지를 대체할 수 있는 혁신적인 이차전지 개발이 진행되고 있습니다**. 그 대표적인 사례를 소개하겠습니다.

전고체전지란?

전고체전지는 리튬이온전지에서 전해액을 이온 전도성이 높은 고체 전해질로 대체한 이차전지입니다(그림 9-1). 리튬이온전지보다 안전성이 우수할 뿐만 아니라 **에너지 밀도가 높고 대용량화가 쉽다**는 특징이 있습니다.

불화물전지와 아연음극전지

불화물전지와 **아연음극전지**는 리튬과 같은 희소금속을 사용하지 않으면서 전고체전지 이상의 성능 향상과 생산 비용 절감을 목표로 하는 이차전지입니다(그림 9-2).

언제 차량에 탑재할 수 있을까?

이 절에서 소개한 혁신적인 이차전지는 에너지 밀도가 높고, 대용량화가 용이하여 전동자동차의 안전성 향상과 주행 거리 연장을 실현할 수 있는 기술로 기대를 모으고 있습니다. 다만, **비용 절감 등의 기술적 과제가 남아 있어**, 차량용 배터리로 실용화되기까지는 수십 년 정도의 긴 개발 기간이 필요합니다.

그림 9-1 전고체전지의 원리

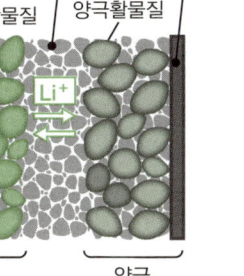

- 리튬이온전지의 전해액 대신 고체 전해질을 사용한다
- 충전 및 방전 시 리튬이온이 양극과 음극 사이를 이동한다

그림 9-2 불화물전지와 아연음극전지의 원리

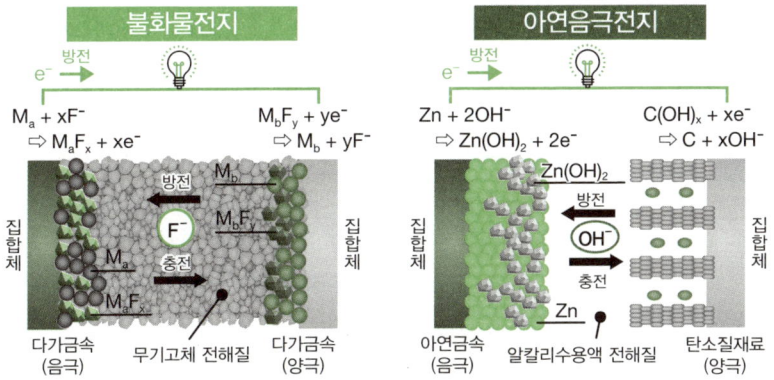

불화물전지에서는 불소이온(F^-), 아연음극전지에서는 수산화물이온(OH^-)이 양극과 음극 사이를 이동한다

Point
- ✔ 전기자동차의 성능 향상을 실현할 혁신적인 이차전지가 개발되고 있다.
- ✔ 혁신적인 이차전지는 에너지 밀도가 높고 대용량화가 용이하다.
- ✔ 실용화의 가장 큰 걸림돌은 비용 절감 등 기술적 과제이다.

9-2 인휠 모터, 스티어 바이 와이어

≫ 전기자동차의 진화② 선회 동작

인휠 모터로 가능해진 새로운 동작

4륜 자동차의 각 바퀴에 3-2와 5-8에서 소개한 **인휠 모터**를 도입하면, **기존의 자동차에서는 할 수 없었던 '선회' 동작을 할 수 있습니다**. 여기서는 그 예로서 'PIVO2'와 4륜 독립 모터 주행 시스템을 소개합니다.

새로운 동작을 보여 준 PIVO2

'PIVO2'는 닛산이 2007년에 발표한 전기자동차로 콘셉트카입니다. 이 자동차는 인휠 모터와 **스티어 바이 와이어**(전기 신호로 바퀴를 조향) 기술을 결합하여 **기존 자동차가 할 수 없었던 새로운 움직임을 보여 줬습니다**(그림 9-3). 예를 들어, 'PIVO2'는 각 바퀴를 90도 옆으로 돌려 이전보다도 쉽게 평행 주차를 할 수 있습니다.

4륜 독립 모터 주행 시스템

4륜 독립 모터 주행 시스템은 인휠 모터를 사용하여 각 바퀴의 구동력을 개별적으로 제어하는 시스템입니다(그림 9-4).

이 시스템을 도입하면 좌우 바퀴가 미끄러지는 편차가 줄어들어 **커브에서의 주행 안정성이 향상되고 부드럽게 주행할 수 있습니다**. 예를 들어, 운전자가 스티어링(핸들)을 왼쪽으로 돌리면 앞바퀴의 각도가 변할 뿐만 아니라 커브 바깥쪽(오른쪽) 바퀴의 구동력이 자동으로 증가하여 코너링을 지원합니다. 이로써 바퀴 각도 변경만으로는 불가능했던 민첩한 선회가 가능해지고 커브를 안정적으로 주행할 수 있게 됩니다.

그림 9-3 PIVO2의 움직임

일렬주차 시
전진하는 것처럼 일렬주차할 수 있다.

옆으로 이동
드라이브스루에서 상품을 받을 때 손을 뻗지 않아도 된다.

코너링 시
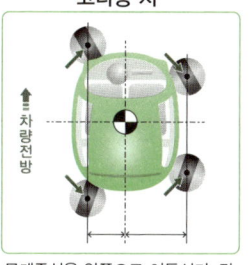
무게중심을 안쪽으로 이동시켜, 각 바퀴에 균등하게 힘을 가해 안정적으로 선회한다.

그림 9-4 4륜 독립 모터 주행 시스템을 이용해 선회하는 기술

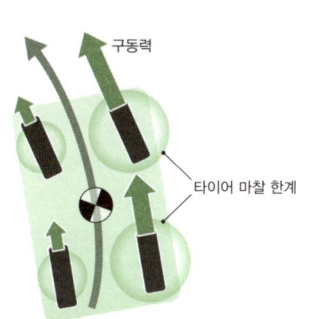

ⓐ 선회 시 하중이 외륜에 편중되므로 내륜 타이어는 외륜보다 마찰력이 낮아진다. 이때 외륜에 더 많은 구동력을 배분하면, 편차가 줄어들어 차량의 선회 성능이 향상된다

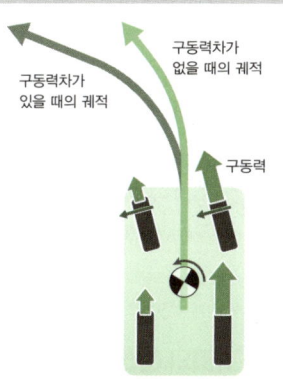

ⓑ 선회 시작 시 외륜의 구동력을 일시적으로 크게 하여 회전 모멘트 Yaw Moment 를 증가시키면 선회 과도 거동을 민첩하게 할 수 있다

커브 바깥쪽 바퀴의 구동력을 늘림으로써 바퀴의 각도 변화만으로는 불가능한 민첩한 선회를 할 수 있다

※회전 모멘트: 자동차의 무게 중심을 통과하는 연직축의 주위에 작용하는 모멘트

출처: 히로타 유키츠쿠·아다치 슈이치 엮음, 데구치 요시타카·오가사와라 사토시 공저, "전기자동차의 제어시스템"(도쿄전기대학출판국)의 그림 4-19를 참조하여 작성

Point

- ✔ 인휠 모터를 사용하면 자동차의 새로운 움직임을 실현할 수 있다.
- ✔ 닛산의 PIVO2는 전기자동차의 새로운 움직임을 제안했다.
- ✔ 4륜 독립 모터 주행 시스템은 커브에서 안정적인 주행을 실현한다.

9-3 EV 전환, 충전 인프라 부족, 전력 부족

▶▶ EV 전환과 과제 – 충전 인프라와 전력 부족

우려되는 충전 인프라 전력 부족

최근 환경과 에너지 문제에 대한 관심이 높아지면서 유럽과 중국, 미국을 중심으로 급격한 **EV 전환**(가솔린 자동차에서 전기자동차로의 전환)이 가속화되고 있습니다. 가솔린 자동차에 대한 규제가 강화되면서, 전기자동차 판매량과 보유 대수가 급증하고 있는 것입니다(그림 9-5).

그런데, **이러한 급격한 EV 전환이 또 다른 문제를 야기할 수 있다는 우려가 제기되고 있습니다**. 그 대표적인 예가 **충전 인프라 부족**과 **전력 부족**입니다.

충전 인프라 부족은 충전을 위해 많은 전기자동차가 대기하게 되면 교통 체증을 유발하는 원인이 될 것으로 예상됩니다. 전기자동차 충전은 급속이라 하더라도 한 번에 약 30~60분의 시간이 소요되며, 그만큼 충전 인프라를 막게 되기 때문입니다(그림 9-6).

또한, 전기자동차 증가에 따른 전력 수요 증가로 전력 부족 현상이 발생할 것으로 예상됩니다. 이를 해소하기 위해 발전소를 늘려 전력공급량을 증가시켜야 한다는 의견도 있습니다.

요구되는 충전 기회의 분산화

한국 역시 EV 전환을 추진한다면 해외 사례를 참고하여 충전 인프라와 전력 부족 문제를 해결할 대책을 세울 필요가 있습니다. 그 대책의 대표적인 예가 **충전 시점을 분산시키는 것**입니다. 단순히 급속 충전기 수를 늘리는 것뿐만 아니라, 완속 충전기를 개량하여 전력 수요가 낮은 심야에만 충전할 수 있도록 하거나, 전력 수요가 높아지는 시간대에 급속 충전 요금을 인상하는 것입니다. 이러한 노력이 가능하다면, 충전 인프라 부족과 전력 부족 문제를 피할 수 있을 것이라는 의견도 있습니다.

그림 9-5 세계 전기자동차 판매 대수와 보유 대수의 추이

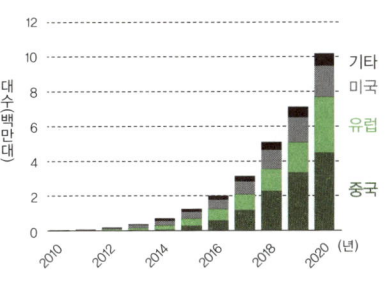

파리 협정이 발효된 2016년 이후 유럽과 중국에서 급증하고 있다

※승용차, 버스, 트럭, 밴을 포함한다

출처: IEA "Global EV Outlook 2021"(URL: https://www.iea.org/reports/global-ev-outlook-2021)

그림 9-6 충전 중인 전기자동차

전기자동차 충전에 시간이 오래 걸리기 때문에
충전소를 장시간 막는 경우가 있다

Point
- ✔ 급격한 EV 전환으로 다양한 문제가 발생할 것으로 우려되고 있다.
- ✔ 그 대표적인 예가 충전 인프라 부족과 전력 부족이다.
- ✔ 이러한 문제는 충전 기회 분산 등을 통해 피할 수 있다는 의견도 있다.

9-4 모빌리티 혁명, CASE, MaaS

>> 모빌리티 혁명에 대한 대응

100년에 한 번 있을 법한 혁명

현재 100년에 한 번 있을 법한 **모빌리티 혁명**이 일어나고 있습니다. 과거 미국에서 저렴한 가솔린 자동차(포드 T형)가 판매되기 시작하자, 대부분의 마차가 자동차로 대체된 것처럼 교통 전반에 큰 변화가 일어나면서 사회에서 자동차의 역할이 바뀌고 있는 것입니다.

구체적으로 말하면, 이제 자동차는 PC나 스마트폰처럼 인터넷과 항상 연결되어 정보를 주고받으며(그림 9-7), 안전성을 향상시키기 위해 운전 조작을 자동화하는 방향으로 변화해야 합니다. 또한 최근 공유경제의 흐름에 따라 자동차를 개인이 소유하는 개념에서 여러 사람이 공유하는 것으로 점차 변화하고 있으며, 카셰어링(그림 9-8)이나 라이드셰어링(승차공유)과 같은 공유 서비스가 확산되고 있습니다. 또한 친환경 탈탄소 사회 실현을 위해 휘발유 자동차에 대한 규제가 강화되면서 자동차의 전동화 및 EV 전환이 가속화됐습니다. 여기에 IT와 스마트폰의 발달로 대중교통의 편의성이 향상되면서 사회에서의 자동차의 역할이 변화하고 있습니다.

세계 자동차 업계는 자동차 제조업체가 단독으로 자동차를 개발, 제조, 판매하던 비즈니스 모델이 무너짐에 따라, **이러한 요구에 대응하기 위해 IT, 철도 등 대중교통과의 연계를 강화하면서 생존을 모색하고 있습니다.**

CASE와 MaaS

이러한 자동차 산업에서 요구되는 변화를 나타내는 키워드로 **CASE**와 **MaaS**가 있습니다. 다음 절에서는 각각의 단어의 의미와 전기자동차와의 관계에 대해 설명하겠습니다.

| 그림 9-7 | 인터넷과 항상 연결된 자동차의 예(토요타의 커넥티드 카) |

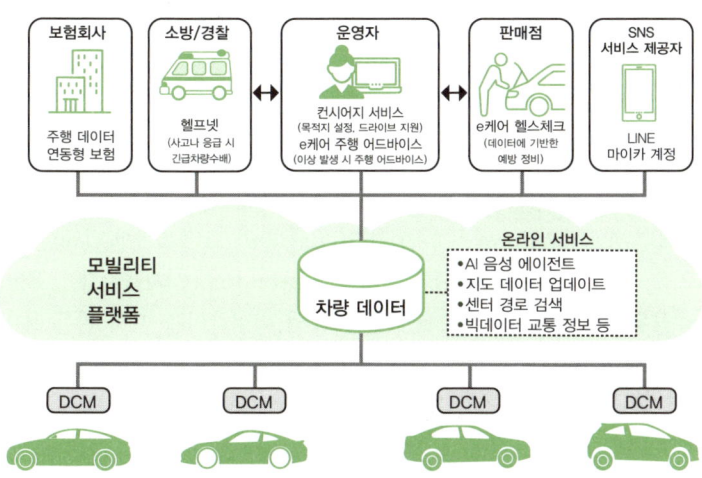

차량 데이터를 온라인으로 공유할 수 있다

출처: 토요타자동차 보도자료 '토요타자동차, 커넥티드카 본격 전개 개시'를 바탕으로 작성
(URL: https://global.toyota/jp/newsroom/corporate/23157743.html)

| 그림 9-8 | 자동차를 공유하는 카셰어링 서비스의 예 |

자동차 유지비 절감을 위해 국내에서도 이용자가 늘어나고 있다

Point
- ✔ 100년에 한 번 온다는 모빌리티 혁명이 일어나려 하고 있다.
- ✔ 자동차 업계는 이 혁명에 대응할 필요가 있다.
- ✔ 자동차 산업의 변화를 나타내는 단어로 'CASE'와 'MaaS'가 있다.

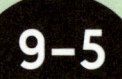

9-5 CASE, 네트워크 연결, 자율주행, 공유 및 서비스, 전동화

》 자동차 산업이 지향하는 CASE

CASE란 무엇인가?

CASE는 최근 자동차 산업이 지향하는 목표를 나타내는 용어입니다. 원래는 독일의 다임러(현재의 메르세데스-벤츠 그룹)가 2016년 파리 모터쇼에서 발표한 **중장기 경영 비전**으로, 'Connected(**네트워크 연결**)', 'Autonomous(**자율주행**)', 'Shared & Services(**공유 및 서비스**)', 'Electric(**전동화**)'의 머리글자를 따서 만든 용어입니다(그림 9-9). 이 비전이 최근 자동차 산업 전체의 움직임과 일치했기 때문에, **많은 자동차 제조업체들이 향후 자동차 개발의 방향성을 나타내는 목표로 CASE라는 단어를 사용하게 됐습니다**.

전기자동차와 CASE

전기자동차는 CASE를 실현하는 데 유리한 조건을 갖추고 있습니다. 전기자동차는 구동이 완전히 '전동화'되어 있으며, 모터는 엔진보다 명령에 충실하고 즉각적으로 반응하므로 '자율주행'과 궁합이 잘 맞습니다. 또한 '전동화'로 인해 차량 데이터 수집이 편리하며 '인터넷 연결'의 혜택을 누리기 쉽습니다. 인터넷과 연결되면 전기자동차는 IoT 단말기가 되어 '자율주행'에 필요한 교통정보와 지도정보를 수집할 수 있을 뿐만 아니라 스마트폰과의 통신이 가능해져 카셰어링이나 라이드셰어링과 같은 서비스를 제공하기 쉬워집니다.

참고로, '자율주행'에는 6단계가 있습니다(그림 9-10). 이 중 운전자가 전혀 운전에 개입하지 않는 '완전 자동화'를 실현하려면, 자동차 자율주행 지원 시스템의 고도화뿐만 아니라 인터넷 연결을 통한 교통 정보 수집 등이 필요합니다.

그림 9-9 다임러가 발표한 경영 비전 CASE

Connected
네트워크 연결

Autonomous
자율주행

Shared & Services
공유 및 서비스

Electric
전동화

현재는 자동차 업계에서 자동차 개발 방향성을 나타내는 용어로 사용한다

그림 9-10 자동차의 자율주행 단계

레벨	명칭	설명	자동화 항목	운전 주시
레벨 0	無 자율주행	모든 주행은 운전자가 직접 수행하며, 경고나 지원 기능만 있음	없음	항시 필수
레벨 1	운전자 지원	운전자가 대부분 조작하되, 특정 상황에서 하나의 기능만 자동 작동	조향 또는 속도	항시 필수
레벨 2	부분 자동화	가속, 제동, 조향 등 일부 기능이 동시에 자동화되나, 운전자는 항시 주의하고 개입할 준비가 필요	조향&속도	항시 필수 (조향 핸들 상시 잡고 있어야 함)
레벨 3	조건부 자동화	특정 조건에서 차량이 모든 주행을 담당하지만, 시스템 요청 시 운전자가 즉시 개입해야 함	조향&속도	시스템 요청 시 (조향 핸들 잡을 필요 X, 제어권 전환 시만 O)
레벨 4	고도 자동화	특정 지역이나 조건에서 완전 자율주행 가능, 운전자의 개입 없이도 운행 가능	조향&속도	작동 구간 내 불필요 (제어권 전환 X)
레벨 5	완전 자동화	어떤 조건, 환경에서도 운전자의 개입 없이 완전 자율주행 가능	조향&속도	전 구간 불필요

※ 국제자동차기술자협회(SAE, Society of Automotive Engineers)가 정의한 기준
출처: 법제처 찾기쉬운 생활법령정보(URL: https://easylaw.go.kr/CSP/CnpClsMain.laf?popMenu=ov&csmSeq=1593&ccfNo=1&cciNo=1&cnpClsNo=1&menuType=cnpcls&search_put=)

Point
- ✔ 다임러가 중장기 경영 비전으로 CASE를 발표했다.
- ✔ 현재 자동차 업계 전체에서 CASE라는 단어를 많이 사용하고 있다.
- ✔ 전기자동차는 CASE를 실현하는 데 유리한 조건을 갖추고 있다.

9-6 MaaS

≫ 대중교통과의 공생과 MaaS

MaaS와 교통 변혁

최근 자동차 업계에서는 앞서 언급한 CASE와 함께 MaaS라는 용어도 자주 사용합니다. **MaaS**는 Mobility as a Service의 약칭으로, 직역하면 '서비스로서의 이동'이 됩니다. 전 세계적으로 명확한 정의는 없지만, 국토교통부에 따르면 '다양한 이동 수단·정보를 연계함으로써 단일 플랫폼에서 최적경로 안내, 예약·결제, 통합 정산 등 원스톱 서비스를 제공'한다고 설명할 수 있습니다(그림 9-11).

스마트폰을 이용하는 MaaS의 도입은 2016년 핀란드 헬싱키에서 시작된 것을 계기로 전 세계로 확산됐고, 한국에서도 다양한 플랫폼 업체들이 과감한 투자와 행보를 통해 시장을 주도하고 있습니다.

변화가 요구되는 자동차 업계

MaaS의 확산은 자동차 업계에는 위협이 됐습니다. 대중교통의 편의성이 높아져 자가용 이용자가 줄어들면, 자동차 판매량이 감소하고 자동차 관련 일자리를 지키기 어려워지기 때문입니다.

그래서 **많은 자동차 제조사들은 직접 MaaS에 참여**하여 대중교통과의 공생을 꾀하고 있습니다. 예를 들어, 일본의 토요타는 2018년에 e-Palette Concept라는 자율주행전용 전기자동차를 발표했습니다(그림 9-12). 이 차는 자율주행차와 MaaS의 융합을 목표로 한 콘셉트카였습니다.

또한, 토요타는 같은 해 IT 기업인 소프트뱅크와 제휴하여 공동출자회사 MONET Technologies를 설립하고 IoT와 연계한 온디맨드 모빌리티 서비스 보급을 목표로 삼았습니다. 이 회사는 앞으로 '자동차를 만드는 기업'에서 '모빌리티 기업'이 되겠다고 선언한 바 있습니다.

그림 9-11   MaaS의 개념도

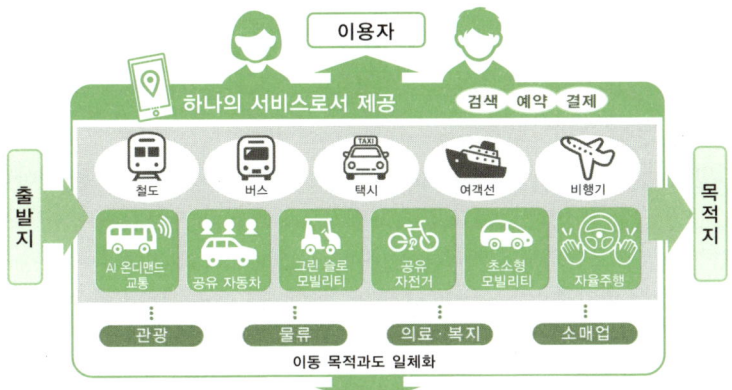

각종 교통수단 검색, 예약, 결제 등을 한 번에 할 수 있는 서비스를 도입해
지역이 안고 있는 문제를 해결하는 것을 목표로 하고 있다

출처: 국토교통성 '일본판 MaaS 추진'을 바탕으로 작성   ※ 3밀: 밀폐, 밀집, 밀접
(URL: https://www.mlit.go.jp/sogoseisaku/japanmaas/promotion/index.html)

그림 9-12   토요타의 자율주행전용 전기자동차(e-Palette Concept)

(사진제공: 토요타자동차)

Point
- ✔ MaaS의 초기 개념은 대중교통의 편의성 향상과 자가용 규제였다.
- ✔ MaaS의 확산은 자동차 산업에 위협이 되었다.
- ✔ 최근 들어 자동차 제조사들이 'MaaS'에 뛰어들면서 자동차 산업을 위협하고 있다.

9-6 대중교통과의 공생과 MaaS   189

> **해보자** · 전기자동차가 잘 팔리지 않는 이유를 생각해 보자

국토교통부의 자료에 따르면, 전기자동차의 신규 등록 대수는 2023년 162,625대에서 2024년 146,947대로 약 10% 감소하였으며, 전기자동차는 현재 국내 전체 등록 차량의 약 2.6%에 불과합니다.

그렇다면 전기자동차의 판매는 왜 감소하고 있는 것일까요? 그 이유를 한마디로 설명할 수는 없습니다. 여러 가지 요인이 복합적으로 얽혀 있기 때문입니다. 주요 요인으로는 보조금을 포함해도 여전히 높은 차량 가격, 주유소에 비해 부족한 충전 인프라로 인한 낮은 편의성 등을 들 수 있지만, 그 외에도 여러 복합적인 요인이 존재합니다.

이 책을 끝까지 읽은 독자라면, 국내에서 전기자동차가 충분히 확산되지 못하는 이유에 대해 다시 한 번 생각해 보시기 바랍니다. 또한, 한국에서 전기자동차가 보급되는 것이 과연 진정한 '친환경'이라고 할 수 있는지도 함께 고민해 볼 필요가 있습니다.

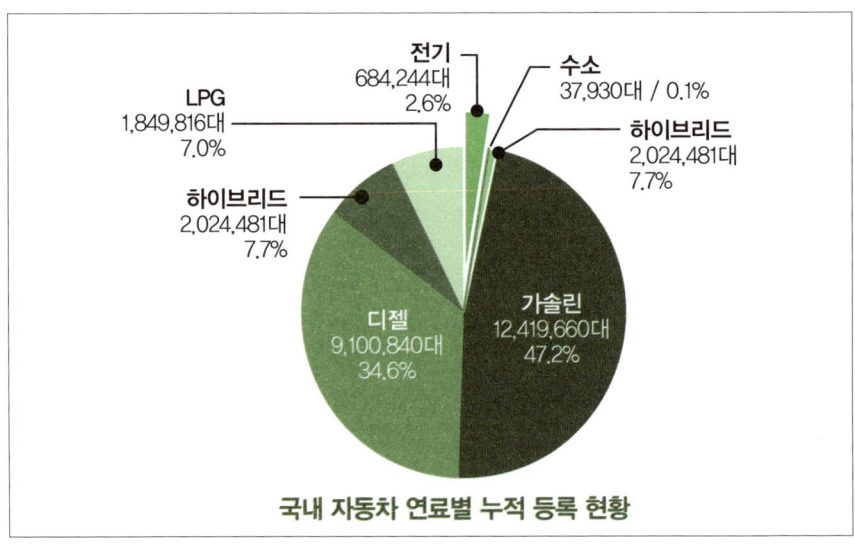

출처: 국토교통부 자동차등록현황보고

용어 설명

* '➡' 뒤의 숫자는 관련된 본문의 절

4륜 독립 모터 주행 시스템 (➡ 9-2)
인휠 모터로 4개 바퀴의 구동력을 개별적으로 제어하는 시스템. 커브 주행 안정성을 높이는 데 사용된다.

BEV (➡ 2-2)
Battery Electric Vehicle의 약자. 탑재한 구동 배터리에서 공급되는 전기만으로 구동하는 전동자동차. 좁은 의미의 전기자동차로 '배터리 EV'라고도 한다.

CASE (➡ 9-4, 9-5)
Connected(네트워크 연결), Autonomous(자율주행), Share & Services(공유 및 서비스), Electric(전동화)의 머리글자를 딴 용어. 최근 자동차 업계가 지향하는 목표를 나타내는 용어로 사용된다.

CHAdeMO (➡ 7-4)
일본이 개발한 급속 충전 규격. CHAdeMO(차데모)는 CHArge de MOve(움직이기 위한 충전)의 약자.

CO₂ (➡ 3-8)
이산화탄소. 최근 지구온난화의 원인이 되는 물질 중 하나로 문제시되고 있다.

COMBO (➡ 7-4)
유럽에서 탄생한 전기자동차 충전 규격. 정식 명칭은 Combined Charging System.

e고속도로 (➡ 7-5)
독일 지멘스가 개발한 트럭 운송 시스템. 전용 도로에서는 트럭에 탑재된 팬터그래프가 도로에 설치된 가선에 접촉하여 외부에서 전력을 공급받아 주행한다.

EV (➡ 1-1)
Electric Vehicle의 약자. 모터로 구동하는 전기자동차. 좁은 의미와 넓은 의미가 있다.

EV 전환 (➡ 9-3)
가솔린 자동차를 전기자동차로 전환하는 움직임. 현재 유럽, 중국, 미국 등에서 가속화되고 있다.

FCV (FCEV) (➡ 2-2)
Fuel Cell Vehicle(Fuel Cell Electric Vehicle)의 약자. 연료전지 자동차. 발전 장치로 연료전지를 탑재한 전기자동차.

GB/T (➡ 7-4)
중국의 전기자동차 충전 규격. GB는 '국가 표준'을 의미하는 중국어 표기(Guojia Biaozhun)의 약자.

HEMS (➡ 7-7)
Home Energy Management System의 약자. 가정의 에너지 소비를 최적화하는 시스템.

HV (HEV) (➡ 2-2)
Hybrid Vehicle(Hybrid Electric Vehicle)의 약자. 하이브리드 자동차. 엔진과 모터로 구동하는 자동차.

LCA (➡ 8-3)
Life Cycle Assessment의 약자. 자동차의 제조부터 폐기까지의 라이프 사이클에서 환경 부하를 정량적으로 평가하는 지표.

LIB (➡ 4-6)
리튬이온전지. Lithium-Ion Battery의 약자.

MaaS (➡ 9-4, 9-6)
Mobility as a Service의 약자. 다양한 이동수단·정보를 연계함으로써 단일 플랫폼에서 최적경로 안내, 예약·결제, 통합 정산 등 원스톱 서비스를 제공(국토교통부 정의).

Ni-MH (➡ 4-5)
니켈-수소전지를 말한다. Nickel Metal Hydride의 약자.

PHV (PHEV) (➡ 2-2)
Plug-in Hybrid Vehicle(Plug-in Hybrid Electric Vehicle)의 약자. 플러그인 하이브리드 자동차. 외부 전원으로 충전할 수 있는 하이브리드 자동차.

PWM 제어 (➡ 6-3)
펄스의 폭을 변화시켜 출력 전압의 평균을 변화시키는 제어. PWM은 Pulse Width Modulation(펄스 폭 변조)의 약자.

SDGs (➡ 3-8)
Sustainable Development Goals의 약자. 지속 가능한 사회를 실현하기 위해 유엔 정상회의에서 채택한 국제 목표.

Si-IGBT (➡ 6-5)
Si(실리콘)를 재료로 하는 IGBT(절연 게이트형 바이폴라 트랜지스터). 전기자동차에서 전력제어용 전력반도체로 사용된다.

SiC-MOSFET (➡ 6-5)
SiC(실리콘 카바이드)를 재료로 하는 MOSFET(금속산화막 반도체 전계효과 트랜지스터). Si-IGBT를 대체할 전력반도체로 주목받고 있다.

V2G (➡ 7-7)
Vehicle to Grid의 약자. 전기자동차와 광범위한 전력망을 연결하여 재생 에너지에서 얻은 전력을 효율적으로 사용하기 위한 시스템.

V2H (➡ 7-7)
Vehicle to Home의 약자. 전기자동차와 가정의 전력망을 연결하여 가정의 전력 소비를 최적화하는 시스템.

Well to Wheel (➡ 8-3)
석유 등 1차 에너지원의 채굴부터 차량 주행에 이르기까지 환경 부하를 정량적으로 평가하는 지표.

xEV (➡ 2-2)
모터로 구동하는 자동차(전동자동차)의 총칭. EV, HV, PHV, FCV가 여기에 해당한다.

ZEV (➡ 2-11, 3-4, 8-1)
Zero Emission Vehicle(무공해 자동차)의 약자. 대기오염물질이나 온실가스를 배출하지 않는 자동차.

ZEV 규제 (➡ 3-4)
1990년 미국 캘리포니아 주에서 제정된 법률. 가솔린 자동차를 줄이기 위해 각 자동차 제조사의 판매량의 일정 비율을 ZEV로 만들도록 의무화했다.

가변전압 가변주파수 제어 (➡ 6-4)
인버터가 스위칭 주기와 듀티비를 변경하여 출력되는 삼상교류의 전압과 주파수를 변화시킴으로써 모터의 회전 속도와 출력(토크)을 조종하는 제어 방식. Variable Voltage Variable Frequency를 줄여서 VVVF 제어라고도 한다.

계자 약화 제어 (➡ 6-7)
모터의 제어 방식 중 하나. 고속 영역에서 토크를 낮춰 회전 속도를 높인다.

고정자 (➡ 5-1)
모터의 회전하지 않는 부분. '스테이터'라고도 한다.

고정형 배터리 (➡ 4-2)
건물 등에 고정되어 있는 배터리. 이동할 수 없다.

고체 고분자막 (➡ 4-7)
연료전지에 사용되는 고분자로 만든 얇은 필름. 촉촉하게 하면 수소 이온을 통과시키는 성질이 있다.

고체 고분자형 연료전지 (➡ 3-5, 4-7)
이온 전도성을 가진 고분자막(이온교환막)을 전해질로 사용하는 연료전지. 현재 양산형 연료전지 자동차에 사용되고 있다.

과충전·과방전 (➡ 4-4)
정상적인 충전과 방전을 마친 후에도 계속 충전과 방전을 하는 상태. 배터리 열화의 원인이 된다.

광기전력 효과 (➡ 4-8)
빛을 조사하여 물체에 기전력이 발생하는 현상. 태양전지에서는 p형 반도체와 n형 반도체의 계면(p-n 접합부)에서 발생한다.

교류 모터 (➡ 5-3, 5-5)
교류로 움직이는 모터. 직류 모터에 있는 정류자나 브러시가 없어 유지 보수가 용이하다.

구동 모터 (➡ 5-2)
바퀴를 구동하는 데 사용하는 모터. 전동자동차에는 교류 모터의 일종인 영구자석 동기 모터나 유도 모터가 많이 사용된다.

구동 배터리 (➡ 1-1, 4-3)
전동자동차의 구동을 위해 사용하는 배터리. 에너지 밀도가 높은 대용량 이차전지가 사용된다.

급속 충전 (➡ 1-8, 7-2)
완속 충전보다 짧은 시간에 충전된다. 구동 배터리에 부하가 걸리기 쉽다.

납축전지 (➡ 3-1, 4-4)
가장 오래된 역사를 가진 이차전지. 자동차의 보조용 배터리로 현재도 사용되고 있다.

네오디뮴 자석 (➡ 5-7)
강력한 자기장을 발생시키는 영구자석. 네오디뮴 등 희소금속을 사용한다. 영구자석 동기 모터에 사용된다.

녹색 전력 (➡ 8-4)
재생 에너지로 발전한 전력.

니켈-수소전지 (➡ 2-5, 4-5)
이차전지의 일종. 납축전지보다 대용량화 하기 편해 하이브리드 자동차에 많이 사용된다. 'Ni-MH'라는 약칭으로 불리기도 한다.

단상교류 (➡ 5-3)
2개의 전선으로 전송되는 교류. 전압의 시간 변화는 1개의 정현파로 표시된다.

동기 모터 (➡ 5-7)
교류 모터의 일종. 회전자가 회전 자기장과 같은 속도로 회전한다는 점이 유도 모터와 크게 다르다.

동력분할기구 (➡ 2-7, 2-8)
3개의 회전축(엔진, 모터, 바퀴)을 분할하여 동력을 전달하는 기구.

로렌츠 힘 (➡ 5-1)
전하를 띤 입자가 자기장 내에서 받는 힘.

리튬이온전지 (➡ 3-7, 4-6, 9-1)
이차전지의 일종. 니켈-수소전지보다 에너지 밀도가 높고 대용량화가 용이해 전기자동차나 플러그인 하이브리드 자동차의 구동 배터리로 많이 사용된다.

Lithium-Ion Battery를 줄여서 'LIB'라고 부르기도 한다.

메탄올 개질형 연료전지 (➡ 3-5)
연료가 되는 메탄올을 개질기에 통과시켜 얻은 수소로 발전하는 연료전지.

모빌리티 혁명 (➡ 9-4)
교통 전반에 걸친 큰 변화. 자동차에 관해서는 사회에서의 역할이 바뀌는 점이 주목받고 있다.

방전 (➡ 1-7)
구동 배터리의 잔량이 부족해 전기자동차가 주행할 수 없는 상황.

배터리 관리 시스템 (➡ 4-10)
이차전지를 안전하고 효율적으로 사용하기 위한 시스템. 이차전지의 전압 균형화 및 장수명화를 도모하는 역할을 한다.

벡터 제어 (➡ 6-7)
교류 모터의 토크 응답성을 높이기 위해 개발된 제어 방식.

병렬 방식 (➡ 2-5, 2-6)
하이브리드 자동차의 동력 전달 방식의 일종. 엔진과 모터가 병렬로 배열되어 양쪽의 힘으로 구동한다.

보조 배터리 (➡ 4-3)
셀 모터나 헤드라이트, 에어컨 등 전장품의 전원이 되는 배터리. 신뢰성이 높은 납축전지가 현재도 사용되고 있다.

분리막 (➡ 4-4)
배터리 내부에 있는 중요한 부품 중 하나. 양극과 음극 사이에 있으며, 특정 이온을 통과시키며 양극과 음극이 접촉하는 내부 단락을 방지하는 역할을 한다.

불화물전지 (➡ 9-1)
양극과 음극 사이에 불소이온이 이동하는 이차전지. 리튬이온전지를 대체할 혁신적인 이차전지로 기대를 모으고 있다.

브러시 (➡ 5-1)
모터나 발전기의 정류자와 접촉하는 부품. 마모되기 쉬워 고장의 원인이 되기도 한다.

비접촉 충전 (➡ 7-6)
지상에서 차량에 비접촉(무선)으로 전력을 공급하여 구동 배터리를 충전하는 방식.

사인파 (➡ 6-4)
사인 함수로 나타낼 수 있는 파동으로, 주기적으로 변화하는 부드러운 곡선으로 표시된다. '정현파'라고도 한다.

삼상 농형 유도 모터 (➡ 5-6)
유도 모터의 일종. 삼상교류 전압을 계자 코일에 인가하면, 농형 도체가 있는 회전자가 회전 자기장보다 약간 느리게 회전한다. 직류 모터보다 소형 경량화 및 유지 보수가 용이해 최근 제작된 전동자동차에 많이 사용된다. 전동자동차에 채용된 사례는 많지 않지만, 미국의 테슬라가 개발한 전기자동차에 삼상 농형 유도 모터를 채용한 사례가 있다.

삼상교류 (➡ 5-3)
3개의 전선으로 전송되는 교류. 전압의 시간 변화는 위상이 120도씩 어긋난 3개의 정현파로 표시된다.

솔라 카 (➡ 4-8)
태양전지를 깔아놓은 태양광 패널을 전원으로 탑재한 전기자동차.

수소충전 인프라 (➡ 7-1)
연료전지 자동차 등에 탑재된 수소 탱크에 압축 수소를 충전하는 인프라. 대표적인 예로 수소충전소가 있다.

수소경제사회 (➡ 7-9, 8-6)
수소를 주요 에너지원으로 활용하는 사회.

수소충전소 (➡ 2-11, 7-8)
연료전지 자동차 등에 수소를 보충하는 인프라. 정해진 장소에 설치한 '고정식'과 트레일러와 함께 이동하는 '이동식'이 있다.

슈퍼차저 (➡ 7-4)
테슬라가 보유하고 운영하는 전기자동차 급속 충전 규격.

스마트 그리드 (➡ 7-7, 8-5)
IT 기술을 이용해 실시간으로 에너지 수요를 파악하여 각 발전 설비에서 효율적으로 송전하는 시스템.

스티어 바이 와이어 (➡ 9-2)
전기 신호로 바퀴의 방향을 바꾸어 조향하는 기술.

스프링 하중량 (➡ 5-8)
서스펜션의 스프링보다 바퀴 쪽에 있는 부품의 총 중량.

스플릿 방식 (➡ 2-7, 2-8)
직병렬 방식의 일종으로 동력분할 기구를 사용한다. 토요타의 하이브리드 자동차에는 유성기어를 이용한 스플릿 방식이 채택되어 있다.

아연음극전지 (➡ 9-1)
음극이 아연 금속이고, 양극과 음극 사이에 수산화물이온이 이동하는 이차전지. 리튬이온전지를 대체할 혁신적 이차전지로 기대를 모으고 있다.

안전밸브 (➡ 4-6)
배터리 파열을 방지하는 밸브. 내부에서 비정상적인 화학반응이 진행되어 내부 압력이 높아지면 밸브가 열려 가스를 외부로 방출한다.

에너지믹스 (➡ 8-2)
발전 방식의 비율. 국가나 지역에 따라 다르다.

엔진 브레이크 (➡ 2-4)
가솔린 자동차나 디젤 자동차 등 엔진으로 구동하는 자동차에서 사용하는 브레이크. 바퀴가 엔진을 돌려서 제동력을 얻는다.

연료전지 (➡ 2-11, 3-7, 4-1)
연료와 산소를 전기화학반응시켜 발전하는 발전 장치. 연료는 주로 수소가 사용된다.

연료전지 자동차 (➡ 2-2, 2-11)
연료전지를 탑재한 전기자동차. FCV 또는 FCEV라고도 한다.

영구자석 동기 모터 (➡ 5-7)
동기 모터의 일종으로 회전자에 강력한 자력을 발생시키는 영구자석이 배치되어 있다. 삼상 농형 유도 모터보다 효율이 높고 소형 경량화가 용이해 많은 전동자동차의 구동용 모터로 사용된다.

완속 충전 (➡ 1-8, 7-2)
일상적으로 실시하는 일반적인 충전 방식. 급속 충전보다 충전 시간이 오래 걸리지만, 배터리에 가해지는 부하가 적다.

유기용매 (➡ 4-6)
상온에서 액체 상태의 유기 화합물로 다른 물질을 녹이는 성질이 있다. 인화성이 높아 화재의 원인이 되기도 한다.

유도전류 (➡ 5-6)
코일 안의 자기장이 변화할 때 코일에 흐르는 전류. 전자기 유도에 의해 코일에 흐르는 전류를 말한다.

유성기어장치 (➡ 2-8)
3개의 회전계를 가진 기어 메커니즘. 토요타의 스플릿 방식에서 동력분할기구로 사용된다.

유압 브레이크 (➡ 1-6, 2-4, 6-8)
유압을 사용한 제동 방식. 브레이크 슈를 눌러서 발생하는 마찰로 제동력을 얻는다.

이차전지 (➡ 4-1)
화학전지의 일종. 가역적 전기화학반응으로 방전하므로 충전할 수 있다. 대표적인 예로는 납축전지, 니켈-수소전지, 리튬이온전지가 있다.

인버터 (➡ 6-2, 6-7)
직류를 교류로 변환하는 변환기. 교류 모터 제어에 사용된다.

인휠 모터 (➡ 3-2, 5-8, 9-2)
바퀴에 내장된 모터. 각 모터가 각 바퀴를 직접 구동하여 개별적으로 바퀴의 회전을 제어할 수 있다.

일차전지 (➡ 4-1)
화학전지의 일종. 비가역적 전기화학반응이 진행되어 방전되므로 충전할 수 없다. 대표적인 예로는 일회용 건전지로 알려진 망간 건전지나 알칼리 건전지가 있다.

자기 공명 방식 (➡ 7-6)
비접촉 충전의 일종. 전자기장과 공명 현상을 이용하여 송전 코일에서 수전 코일로 전력을 전달한다.

자율주행 (➡ 9-5)
운전 조작을 자동화하는 것. 6단계가 있다.

재생 에너지 (➡ 8-2, 8-4, 8-5)
태양광, 풍력, 지열 등 지구 자원의 일부 등 자연계에 항상 존재하는 에너지. 고갈되지 않고, 어디에나 존재하고, CO_2를 배출하지 않는다는 것(증가시키지 않는 것)이 큰 특징.

전고체전지 (➡ 9-1)
리튬이온전지의 전해액을 이온 전도성이 높은 고체 전해질로 대체한 이차전지. 리튬이온전지보다 안전성과 에너지 밀도가 높고, 대용량화가 용이해 혁신적인 이차전지로 기대를 모으고 있다.

전기 이중층 (➡ 4-9)
두 개의 서로 다른 상(예: 고체 전극과 전해액)이 접촉하는 계면 부근에서 전하와 전해질 이온이 얇은 층으로 늘어선 현상.

전기 이중층 커패시터 (➡ 4-1, 4-9)
물리전지의 일종으로 빠른 전기의 입출이 가능한 축전 장치. 전기 이중층이라는 물리 현상을 이용하여 전기를 저장한다.

전력반도체 (➡ 6-2, 6-4, 6-5)
전력변환에 사용되는 반도체 소자. 기계식 스위치로는 불가능한 고속으로 온-오프를 할 수 있다.

전자기 소음 (➡ 6-5)
교류가 흐르는 모터나 변압기 등에서 발생하는 소리. 전동자동차가 가속 및 감속할 때 나는 '위잉'하는 소리로, 최근에는 개선되어 잘 들리지 않는다.

전자기 유도 방식 (➡ 7-6)
비접촉 충전의 일종. 송전(지상) 코일과 수전(차상 픽업) 코일을 인접시켜 전자기 유도 현상을 이용해 전력을 전달한다.

전파 방식 (➡ 7-6)
비접촉 충전의 일종. 전류를 마이크로파 등의 전자파로 변환하여 안테나를 통해 전력을 전달한다.

정류자 (➡ 5-1, 5-4)
모터나 발전기에 있는 회전 스위치. 회전자 코일에 흐르는 전류의 방향을 전환한다.

제어 회로 (➡ 6-2)
모터의 제어에 관련된 전기 회로. 전기자동차에서는 입력되는 운전 명령(운전자가 조작하는 가속 페달이나 브레이크 페달 등으로부터 보내지는 신호)이나 감지한 전압, 전류, 속도, 위치에 따라 게이트 신호를 인버터에 출력한다.

주행 거리 (➡ 1-7, 2-3, 2-9)
1회 에너지 보충으로 주행할 수 있는 거리(항속 거리).

주행 중 무선 급전 (➡ 7-6)
전기자동차가 주행 중 비접촉으로 전력을 공급받을 수 있는 기술. 도로에 매립된 급전 시스템이 전기자동차의 수전 코일에 지속적으로 전력을 공급한다.

직렬 방식 (➡ 2-5, 2-6, 3-2)
하이브리드 자동차의 동력 전달 방식의 일종. 엔진과 모터가 직렬로 배치되며 엔진은 발전에만 사용된다.

직류 모터 (➡ 5-3, 5-4)
직류로 움직이는 모터. 교류 모터보다 제어가 쉽다.

직병렬 방식 (➡ 2-5, 2-7)
하이브리드 자동차의 동력 전달 방식의 일종. 상황에 따라 동력 전달 모드를 전환하기 때문에 직렬 방식과 병렬 방식의 장점을 모두 활용할 수 있다.

차동장치 (➡ 5-8)
디퍼런셜 기어라고도 한다. 좌우 바퀴의 회전 속도 차이를 흡수하는 기어를 말한다.

차량 접근 경보 장치 (➡ 1-4)
보행자 등에게 자동차의 접근을 알리기 위해 저속 주행 시 소리를 발생시키는 장치.

차량용 배터리 (➡ 4-2)
자동차에 탑재하는 배터리. 좁은 공간에 수납해야 하고 주행 시 진동과 충격을 견뎌야 하므로 제약이 많다.

초퍼 제어 (➡ 6-3)
전력반도체를 사용하여 직류 전압의 평균값을 변화시키는 제어 방식.

충방전 (➡ 4-10)
배터리의 충전과 방전을 모두 지칭하는 용어.

충전 인프라 (➡ 7-1)
전기자동차 등에 탑재된 구동 배터리를 충전하는 인프라. 대표적인 예로 전기충전소가 있다.

충전소 (➡ 1-8, 7-2)
전기자동차의 충전을 위한 인프라의 일종. 전기충전소, 충전 스탠드.

충전율 (➡ 4-10)
충전 상태를 나타내는 지표. 배터리의 용량과 상대적인 충전 수준.

친환경 자동차 (➡ 1-1, 8-1)
환경(생태)을 배려한 자동차. 모터로 구동하는 전동 자동차를 지칭하는 경우가 많다.

카셰어링 서비스 (➡ 9-4)
등록한 회원끼리 자동차를 공동으로 사용하는 서비스. 렌터카보다 짧은 시간 동안 이용 가능.

컨버터 (➡ 6-2)
변환기 전반을 가리킨다. 교류를 직류로 변환하는 것을 'AC-DC 컨버터'라고 하며, 전동자동차에서 회생 브레이크를 사용할 때 사용된다.

코너링 (➡ 1-5)
자동차가 도로의 모퉁이에서 꺾는 동작, 또는 커브를 돌 때 선회하는 동작을 말한다.

크리프 현상 (➡ 1-3)
AT 차량에서 볼 수 있는 현상. 주차 브레이크를 풀고 브레이크 페달에서 발을 떼면 엔진이 공회전 상태인 상태에서 차량이 저속으로 움직이는 현상.

탄소중립 (➡ 3-8)
CO_2 배출량과 흡수량을 균형 있게 조정하여 전체 배출량을 실질적으로 제로로 만드는 것.

탄소지지 백금 (➡ 4-7)
백금 미립자를 붙인 탄소(탄소) 입자. 연료전지의 촉매로 사용된다. 백금 입자가 탄소 표면에 분산된 형태로 백금이 주 촉매로 작용하고 탄소는 백금을 고정하고 분산시킨다.

태양전지 (➡ 4-8)
물리전지의 일종으로, 태양광으로 얻은 빛 에너지를 전기 에너지로 변환하는 발전 장치.

토크 (➡ 1-4, 5-2, 6-6)
고정된 회전축을 중심으로 작용하는 힘의 모멘트. 회전력이라고도 한다.

트롤리 버스 (➡ 7-5)
선로를 따라 설치된 공중 전선(트롤리 와이어)에서 전기를 끌어와 모터로 구동하는 전기버스.

파리 협정 (➡ 3-8)
2015년 파리에서 개최된 COP21에서 합의하여 2016년에 채택된 협정. 지구온난화 방지를 위해 회원국에 CO_2 배출량 감축 목표 수립과 이행 조항 제출을 촉구했다.

파워 컨트롤 유닛 (➡ 6-1)
모터를 제어하는 장치류의 총칭. 운전자의 가속 페달 조작이나 주행 속도 등에 따라 모터의 회전 속도와 토크를 제어한다.

파워트레인 (➡ 1-2, 2-1, 2-3)
구동계 장치의 총칭. 엔진이나 모터가 만들어 낸 동력을 바퀴에 전달하기 위한 장치류.

팬터그래프 (➡ 7-5)
전철에서 많이 사용되는 집전 장치. 속이 비어 있는 가공선과 접촉하여 전기를 끌어들이는 역할을 한다.

포드 T형 (➡ 3-3)
미국의 자동차 제조업체인 포드사가 1908년부터 판매한 대중용 가솔린 자동차. 가솔린 자동차가 급속히 보급되는 계기가 되었다.

플러그인 하이브리드 자동차 (➡ 2-2, 2-10, 3-7)
외부 전원으로 충전이 가능한 하이브리드 자동차. PHV 또는 PHEV라고도 한다.

하이브리드 자동차 (➡ 2-2, 3-6)
엔진과 모터의 힘을 모두 사용하여 구동하는 자동차. HV 또는 HEV라고도 한다.

합성 자계 (➡ 5-5)
여러 자기장을 합성한 자기장을 말한다.

화학전지 (➡ 4-1)
내부 화학반응에 의해 전기 에너지를 추출하는 장치. 일차전지와 이차전지가 있다.

회생 협조 브레이크 (➡ 6-9)
회생 브레이크와 유압 브레이크를 병용하는 브레이크. 회생 브레이크를 우선적으로 사용하면서 유압 브레이크를 지원함으로써 종합적인 제동력을 높인다.

회생 브레이크 (➡ 1-6, 2-4, 6-8)
모터를 사용하는 제동 방식. 모터가 발전한 전력을 소비하여 제동력을 얻는다.

회전 자계 (➡ 5-5, 5-6)
회전하는 자기장. 교류 모터에서는 고정자의 계자 코일을 사용하여 발생시킨다.

회전자 (➡ 5-1)
모터의 회전하는 부분. '로터'라고도 한다.

희소금속 (➡ 2-11, 5-7, 8-7)
매장량 자체가 적거나 순도가 높은 것을 얻기 어려운 금속을 말한다.

그림으로 배우는
전기자동차

1판 1쇄 발행 2025년 7월 10일

저　자	카와베 켄이치
역　자	김성훈
발 행 인	김길수
발 행 처	(주)영진닷컴
주　소	(우)08512 서울특별시 금천구 디지털로9길 32 갑을그레이트밸리 B동 1001호
등　록	2007. 4. 27. 제16-4189호

ⓒ 2025. (주)영진닷컴

ISBN 978-89-314-8041-2

http://www.youngjin.com